21世纪高等院校
艺术设计专业精品教材

顾问○鲁晓波 蒋啸镝
张夫也 孙建君

FORMAT
DESIGN

版式设计

主 编 赵 勤 吴家炜
副主编 余光华 黄 琪 魏 云
李 岩 柳 芳 张琬璐

南京

内 容 提 要

本书结合艺术设计教学的需要，以通俗易懂的语言和典型实例详细介绍了版式设计的原理、艺术规律、视觉语言及运用技巧。全书共分五章，内容包括版式设计概述、版式设计的原理及艺术规律、版式设计的视觉语言、版式设计的形式、版式设计的应用，内容由浅入深，结构清晰，设计实例与知识要点相呼应，方便教学和互动，强调实战技法的讲解，对本课程的学习有良好的促进作用。

本书可作为高等院校视觉传达设计、动漫设计、广告设计、会展设计、环境设计及其他相关设计专业的教材，同时也可作为各类相关培训机构的教材及艺术设计爱好者的参考用书。

图书在版编目（CIP）数据

版式设计 / 赵勤，吴家炜主编.—南京：南京大学出版社，2018.7（2021.6重印）

ISBN 978-7-305-19862-5

Ⅰ.①版… Ⅱ.①赵… ②吴… Ⅲ.①版式－设计－高等学校－教材 Ⅳ.①TS881

中国版本图书馆CIP数据核字（2018）第015302号

出版发行 南京大学出版社
社　　址 南京市汉口路22号　　邮　编 210093
出 版 人 金鑫荣

书　　名 版式设计
主　　编 赵　勤　吴家炜
责任编辑 徐　晶　　编辑热线 010-82896084

印　　刷 河北鑫彩博图印刷有限公司
开　　本 889×1194 1/16　印张 8.5　字数 269千
版　　次 2018年7月第1版　2021年6月第3次印刷
ISBN 978-7-305-19862-5
定　　价 55.00元

网址：http://www.njupco.com
官方微博：http://weibo.com/njupco
官方微信号：njupress
销售咨询热线：（025）83594756

序

Preface

“版式设计”是高等院校艺术设计、平面设计等专业的一门必修专业基础课程，在设计教学中具有举足轻重的作用，应当引起业界的关注与重视。艺术设计专业开设版式设计课程多年，已取得了显著的成绩。教材作为教学质量的重要保证之一，其指导作用不言而喻。另外，教师在教学过程中对教学内容的进一步充实和完善也很重要，只有勇于创新、不断进步，才能让教材发挥更大的作用。

本书是编者在结合教学实践，通过对实际案例的比较与分析，总结了版式设计方法与技巧的基础上编写而成的，书中所引用的设计作品包括一些设计大师、优秀设计师的作品以及在校师生的作品。版式设计的思路、技法贯穿全书，强调实用性与可操作性，能够让学生循序渐进，真正掌握编排设计的方法，从而指导设计实践。通览全书，其结构紧凑、条理清晰，注重学科内在的逻辑关系，观点鲜明，重点突出，实用性强。

在科学技术飞速发展的现代社会，人们的生活水平及审美要求不断提高，这对设计师提出了更高的要求。编写这样一部颇具实用性且与时代要求相吻合的教材，编者严谨的治学态度、求实的精神和一丝不苟的工作作风难能可贵。

希望本书的问世，能够给高等院校的艺术设计教育带来一些新的营养，能够给广大师生带来全新的体验！

南华大学设计艺术学院院长、教授

前言

Foreword

版式设计就是在有限的版面空间里，对文字、图形、线条和色彩等各类视觉语言进行组合排列，是一种艺术性、创造性的活动。“版式设计”是研究视觉规律和培养平面设计能力的基础性课程，具有系统性。

在现代平面设计领域，版式设计的地位非常重要，它不仅是平面设计的基础，也是平面设计的核心。版式设计应用于现代广告、招贴、书籍、包装、网页设计等文化和商业产品，为其提供了不可取代的附加值，它的风格、形式、方法、理念也在随着时代的发展而不断地变化。现代版式设计打破了不同人群之间的语言隔阂，用简单明晰的文字、图形和符号，共同构筑版式设计的新格局、新概念，在传递信息的同时，极大地增强了作品的视觉感染力。本书立足实用，深入浅出地阐述了版式设计的原理及艺术规律、视觉语言、形式等，从全新的角度对版式设计进行了分析，使学生及艺术设计爱好者能更清晰、直接、快速地了解和掌握版式设计的创意和表现方法。

本书内容有两个特点：一是逻辑关系强，知识点前后衔接、由浅入深，通过实例分析引出其他相关知识，既突出了重点、难点，又全面介绍了相关内容，结构比较完整；二是图文结合，引用了大量的图片作为理论的佐证，避免了沉闷乏味的阐述，增强了说服力。

本书由江西科技师范大学赵勤、广东石油化工学院吴家炜主编，广西财经学院余光华、江西服装学院黄琪、长沙学院魏云、渭南师范学院李岩、成都艺术传媒学院柳芳、西南科技大学张琬璐担任副主编，全书由赵勤统稿、审定。本书在编写过程中引用了一些国内外的资料，由于各种原因，不能一一注明出处，在此表示感谢的同时亦深表歉意。

由于编者水平有限，书中疏漏及不当之处在所难免，敬请读者批评指正。

编　者　的

Contents 目录

第一章 版式设计概述

本章知识点

版式设计的含义与应用范围；版式设计的发展历程；版式设计的特征；版式设计的基本原则；版式设计的学习方法。

学习目标

了解版式设计的含义、应用和发展历程；熟悉版式设计所具有的特征及需要把握的基本原则；掌握版式设计的学习方法。

随着生活水平的不断提高，人们对精神文化的需求也越来越高，而各式各样的出版物在一定程度上满足了人们的这种需求。而版式是连接出版物外观和内涵的纽带，是将作品内容展示给受众的窗口。优秀的版式设计在传达信息的同时，还能给观者带来视觉上的美感，因此以完美的形式展现和传播信息是版式设计者追求的最终目标。

第一节 版式设计的含义与应用范围

所谓版式设计，是指将有限的视觉元素在版面页进行组合和优化，在有效传达信息的同时影响受众，使受众产生视觉上的美感。具体来讲，就是将文字图形（图像）等信息元素科学、艺术地组织起来，通过视觉吸引、顺畅阅读达到信息传达与审美享受的目标。版式设计应用于众多平面设计领域，包括书刊设计、报纸设计、招贴设计、非出版物设计、包装设计、网页设计、企业形象设计等。我国平面设计者普遍认为，现代版式设计是平面设计的核心。设计师如果想更好地表达及表现自己的设计意图，就要对版式设计给予足够重视。

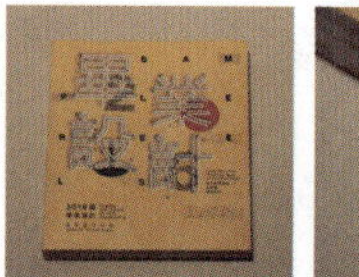

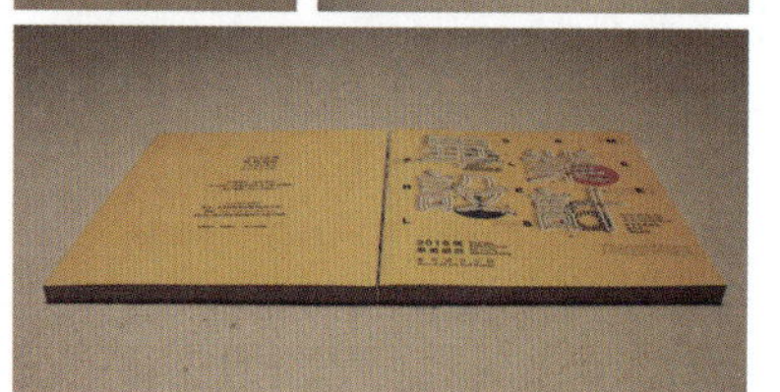

图 1-2 《毕业设计》书籍设计 孙瑜

图 1-3 韩家英书籍设计

一、书刊版式设计

书籍设计又称装帧设计，是一种由外至内的整体设计包装。其版式设计的核心是体现书籍主题的封面。一本书能否引起读者的兴趣和关注，封面的设计起着至关重要的作用。按书籍的内容划分，其版式设计可分为两类：一类是以文字为主的版式设计，这类设计应使版面内容清晰，结构分明，层次清楚，一般用版心、版面和分栏的方式来规范书籍整体版面；另一类是以图片为主的版式设计，这类设计以画册为主，图片为书籍的主体，文字从属于图片，只起装饰说明的作用。杂志与书籍不同，其信息的种类较多，在版面的设计风格上也是多样的，应做到图文并茂，使其内容更直接易懂（图 1-1 至图 1-3）。

图 1-1 Wallpaper 封面设计

二、报纸版式设计

报纸内容复杂，传播面广，发行量大，是影响力较大的媒体之一。由于报纸版面大，文字多，为了方便阅读，就需要在其版式设计上采用分栏划分板块的形式，使版面条理清晰。报纸中有很多广告，且所占版面大小不一，考虑要素繁多，设计时要遵循版式设计的视觉原理和视觉流程。根据视觉原理，应将重要信息放在最佳视域；良好的视觉流程能使读者迅速获得重要信息，版式设计应在视觉空间中形成一条无形的流动线，引导读者顺畅阅读（图 1-4）。

图 1-4 报纸的编排设计

三、招贴版式设计

招贴又称海报，是适合在室内外张贴的广告形式，也是一种艺术形式，其将文字、图像、色彩完美组合，以传达信息，有一定的观赏性。招贴广告分布在大街小巷，是一种街头艺术。这些地方宣传的信息给人的印象是瞬间的，所以招贴广告要醒目、简约、吸引人，文字也需要注意字号。街头招贴广告不同于书籍，与观者有一定距离，所以文字要采用大字号，简洁易记。招贴采用的颜色要鲜亮、有视觉冲击力（图 1–5 至图 1–7）。

图 1–5　国外招贴设计

图 1–6　天猫商城招贴设计　沈纯

四、非出版物版式设计

非出版物是指各种推销材料和信息发布资料，也叫宣传册或宣传单。其内容覆盖面广，有一定时效性，但多为短期效应，且页数少，这就需要在有限的版面上提供大量信息。宣传单往往图多字少，其版式设计不同于书籍，图片应占主要位置，文字仅作辅助说明，因为图片能够让读者更直观地了解信息（图 1–8 和图 1–9）。

图 1–8 《咬文嚼字》宣传页设计（一）　孙瑜

图 1–9 《咬文嚼字》宣传页设计（二）　孙瑜

五、包装版式设计

包装是商品的“外衣”，起着承载商品信息和保护商品的作用，包装有很多类型，如袋装、瓶装、盒装等。包装与标签的版式设计内容虽然比书籍少，但也需要传递很多信息，突出其特性非常重要。

在购买商品的过程中，包装盒或标签吊牌简洁醒目的商品总是最先吸引消费者。包装盒有很多面，结构多样，上面的图像、文字、色彩等因素都要在设计中考虑。设计时要注意整体，强调主面（图 1–10 至图 1–12）。

标签吊牌主要应用于瓶子的包装，也叫“瓶贴”，形状各异，由商标、商品名称、图形组合而成。在版式设计上要考虑主体清晰、主次分明、色彩鲜明，呈现一定的视觉效果。

图 1-11　“京润珍珠”包装设计　肖涵殊

图 1-12　产品包装设计　陈程

六、网页版式设计

随着互联网的发展，网页版式设计成为平面设计的新形式。它集图文、动画、音视频于一体，比其他平面设计类型更生动，其设计的关键在于强调个性、情趣。

网页版式设计要明确主题，统一色调，要将链接按钮放在醒目的位置上，以便浏览者顺利地进入相关网站。此外，动画、正文要安排得当，方便读者浏览网页（图 1-13 和图 1-14）。

图 1-13　网页版式设计（一）

图 1-14　网页版式设计（二）

七、企业形象设计

企业形象由经营理念（MI）、行为规范（BI）和视觉识别（VI）三部分组成。其中，企业识别是企业的“脸面”，是消费者认知企业的首要途径。

企业识别最常见的表现形式是名片、信封、请柬等，在进行版式设计时，需要把企业名称、标准字、标准色、联系方式等准确清晰地表现出来。

企业形象的其他载体如手册、广告、旗帜、标牌、交通工具等，也都要精心编排，其版面都要有相同的标志和统一的制作手法，以利于观者记住企业的良好形象。制作形式越有艺术性，越能使观者感兴趣(图 1-15 至图 1-17)。

版式设计与平面设计密不可分，在新时期，版式设计不仅是文化的载体，也是美的载体。随着科技的发展，版式设计在内容和形式上都比以往有所突破，除了传统类型的版式设计以外，电子读物、网页版式设计等数字版式设计也带给人们不同的视觉效果，以后会有更多的版式设计形式相继涌现。

图 1-15　老友记广式早茶铺 VI 设计（一）　李燕

图 1-16　老友记广式早茶铺 VI 设计（二）　李燕

图 1-17　老友记广式早茶铺 VI 设计（三）　李燕

第二节　版式设计的发展历程

众所周知，版式设计归属于平面构成领域。在美学领域，它被划入“形式”的范畴。形式问题在美学领域占有重要地位，这是由艺术形态的特殊性决定的。由于形式问题有其独特的重要性，所以有必要学习、研究所谓“形式”范畴内的版式设计的历史渊源和发展趋势。

一、版式设计的历史渊源

关于版式设计的历史渊源，在目前的理论

展史来看，设计的概念产生较早，纯艺术与实用美术则随着文艺复兴运动的兴起而缓慢分离。在人类早期文明的发展阶段，无论是岩洞石壁上的绘画涂鸦，还是在泥板或兽骨上刻写的各种象形文字，都体现了一定的编排意识。在古埃及，人们将当地的纸草和石碑作为工具，书写了许多反映当时政治、经济、宗教和文化方面的重要文献。这些文献图文并茂，运用了许多象形文字和插图。其插图和文字的组合编排错落有致，在对称中呈现出变化。这些文献将各种图像插入文字之间，色调变化十分细微，从平面设计的角度看，它们具有相当高的设计水平。在中国古代的文献中，尽管在文字的组合方面没有特定的框架，但先贤们依然运用了文字和笔画之间的疏密关系进行组合处理。西方工业革命的完成揭开了近代文明史的序幕。各行业的迅速发展，经济文化的繁荣，加速了艺术设计的诞生，如 19 世纪的戏剧海报。所谓的艺术海报，原本就以广告媒介的身份而诞生，并且当时有许多知名的流派画家从事海报设计。既然当今的各类海报的艺术构成形式已经在一整套理论体系的指导下客观存在，因此可以推断，版式设计艺术应该诞生在 19 世纪，只是当时其仍以艺术品的形式存在，多出自画家之手，没有理论指导（图 1-18 和图 1-19）。

图 1-18　苏美尔古国出土的楔形文字湿泥版

图 1-19　古埃及象形文字

二、中国古代与西方中世纪时期的版式设计

中国作为世界闻名的古国之一，在编排设计方面具有悠久的历史。殷商时期出现的甲骨文和商周时期出现的金文奠定了中国文字设计的基础。这两种文字既包含象形成分，也有会意、指事的特点，其笔画的处理方式对中国的平面设计乃至绘画的一些基本组织编排观念的形成和发展起到了重要作用。在编排上，从右到左、从上至下的编排方式，奠定了以后数千年中文编排的基本规范。中国进入封建社会以后，人类文明史有了重大的发展，四大发明给人类文明史留下了光辉灿烂的一页。随着经济的发展和文化的传播，印刷技术获得了极大提高，领先世界的造纸术和印刷术使得编排设计在中国发展迅速。现存最早的印刷品之一——唐代佛教经文《金刚经》便是其中的代表。它整体采用木版雕刻，无论是精美的插图、工整的字体还是整齐规范的版面，都已经具有极高的编排设计水平（图 1-20）。传统编排设计就这样随着印刷品的广泛流传和印刷技术的提高而不断发展。从当时的中国书籍印刷与装帧形态可以看出，无论是封面和扉页，还是正

药典《本草纲目》的印刷，在文字、插图的编排上就完整地体现了中国古代书籍编排的布局特征（图 1-21 和图 1-22）。这种编排在当时人们的审美情趣与阅读习惯上有很强的生命力，在西方思潮涌入中国之前，基本没有发生过本质的改变（图 1-23 和图 1-24）。

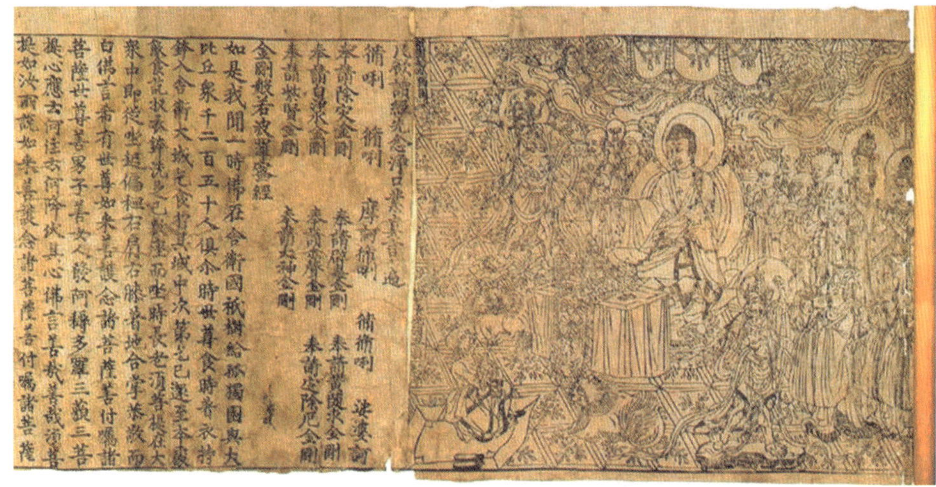

图 1-20 《金刚经》的编排设计

图 1-21 《本草纲目》内页（一）

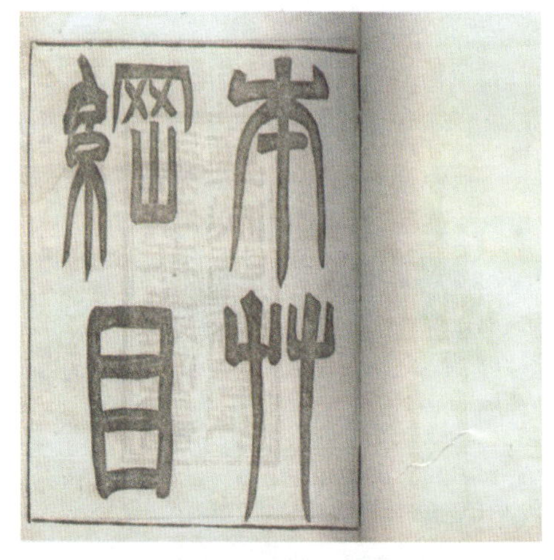

图 1-22 《本草纲目》内页（二）

图 1-23 月份牌编排设计（一）

图 1-24 月份牌编排设计（二）

西方国家的编排设计是伴随着科技的进步而不断发展的。公元 4 世纪，西罗马帝国灭亡后，西方世界进入中世纪。在这个被称为“黑暗时代”的岁月里，大部分书籍、手抄本被烧成了灰烬。在当时欧洲文化的唯一中心——教堂中，体现当时最高编排设计水平的宗教手抄本在教士们不知疲倦、一丝不苟的劳动中诞生。精美的插图与规范的文字混合编排，对文字乃至整本书籍进行华丽烦琐的装饰成为当时宗教手抄本的基本特征。

随着文艺复兴的到来，1400 年以后，欧洲各国造纸业兴起，从而带动了印刷业的发展。特别是 15 世纪以后，德国的印刷技术和设计方法流传到欧洲各国，引发了一个平面设计、字体设计的发展高潮。1450 年前后，德国人古登堡发明了金属活字印刷术，使印刷效率大幅度提升，对欧洲的出版业起到了极大的推动作用（图 1-25）。文艺复兴时期，意大利的书籍装帧设计大量采用花卉图案，将各种卷草纹样包围着文字。文艺复兴后期，英国的印刷与设计水平迅速提高，设计风格简洁、明快、清晰，书籍版面在视觉上与现代设计非常接近。然而到了 19 世纪下半叶，工业化大生产日趋暴露出其设计水平低下的弊端。

图 1-25　古登堡印制的《圣经》被称为《古登堡圣经》

三、近现代版式设计的发展

20 世纪，欧洲出现了威廉·莫里斯和利西茨基两位设计大师，前者是古典主义的创始人，被后人称为“设计之父”，其风格严谨、朴素、大方、简洁、淡雅（图 1-26）；后者是构成主义的创始人，其主要风格是利用点、线、面和色彩的处理，运用规律排比追求秩序美，以理性、简洁的几何图形创造形体美、节奏美和抽象美，开创了现代版式设计的先河（图 1-27）。紧随其后的德国人约翰·契肖德在构成主义的基础上，将其向前发展为新客观主义。他强调版式设计的功能，要求版式设计独辟蹊径。其设计原则是彻底脱离传统，追求版面不对称，大胆运用版面强烈的

体，运用块面和较粗的线条突出主题。这一理念已成为现代设计的里程碑。

图 1-26　威廉·莫里斯代表作品

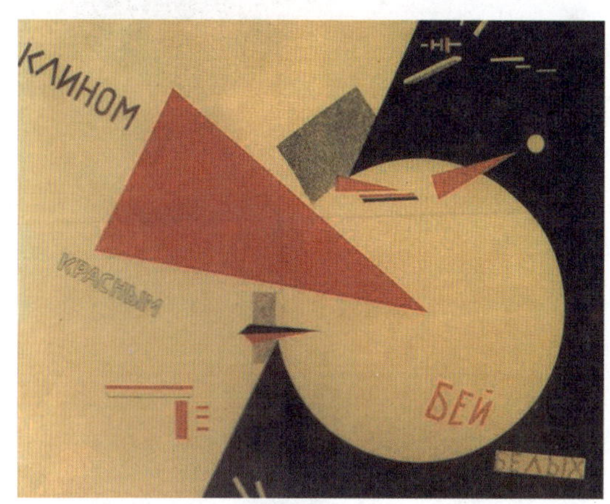

图 1-27　构成主义作品《红色楔子打败白军》

此外，1919 年德国建筑师格罗皮乌斯创立的国立魏玛包豪斯设计学院在现代设计史上占有重要地位。包豪斯是现代设计的先驱和摇篮，开创了现代设计的新纪元，其现代设计风格迅速影响了美国、瑞士、荷兰、匈牙利和日本等国，涉及广告、招贴、包装、建筑、摄影、家具、日用品设计等众多领域。可以说，包豪斯为现代版式设计打下了坚实的理论与实践基础（图 1-28 和图 1-29）。这里值得一提的是，日本人把构成艺术发展为“三大构成”，并形成完整的理论体系，传入中国后，对我国现代设计产生了深远的影响。

瑞士人恩斯特·凯勒创作的功能性字体广告，为版式设计开创了崭新的表现形式和手段。他认为，设计应解决的问题就是形式与内容的高度统一，而字体、图形就是客观、明确、有效的图形传达语言。在其所有的版面构成中，字体、图形常常是最重要的构成元素。他往往将精心设计的美术字放在版面最重要的位置，然后配上其他元素，以达到版面高度的和谐。这场深刻的字体革命，开创了全新的设计风格与视觉面貌，为版式设计的

图 1–28　包豪斯风格代表作品（一）

图 1–29　包豪斯风格代表作品（二）

版式设计还深受现代绘画的影响。荷兰风格派大师蒙德里安运用对称、平衡、直线的构图，直接影响到版式设计领域（图 1–30）。其作品，只由水平线和垂直线构成，摒弃曲线，并在分割面上使用单纯的颜色和单纯的对比，具有强烈、醒目的视觉效果。其作品的理念不是建立在个人情感的基础上，而是以数学原理作为造型结构的依据，是一种基本排除了绘画性的组织与比例的几何抽象艺术。

图 1–30　《红黄蓝构成》　蒙德里安

与蒙德里安互补的是俄国画家康定斯基。他是非几何形的代表，倾向于感性、曲线和充满运动感的韵律美的表现，一如交响乐章，谱写出动人的旋律，其作品是抒情抽象的代表。

匈牙利画家瓦萨雷利创造了一种新颖的艺术形式，被称为“欧普艺术”或“光效应艺术”，其宗旨是在几何形态构成中融入视觉与光学的特殊效果，形成瞬间炫目感、颤动感的视觉效果，使观者在视觉上产生幻觉和运动感，加深观者对美的联想与感受（图 1–31 和图 1–32）。此股旋风在 20 世纪 60 年代席卷欧美国家。

图 1–31　光效应艺术作品（一）

图 1-32　光效应艺术作品（二）

除了上述主要流派之外，表现主义、未来主义、超现实主义和达达主义等绘画流派同时也给版式构成带来无限冲击，并推动着现代版式艺术的发展。这些艺术家的共同特点是他们不再依据自然的形象，而是在抽象的视觉要素所构成的境界中去发掘和创造。

正是由于以上原因，至今，欧美和日本的版式设计仍处于世界领先地位，这对于我们今天研究现代版面艺术的形成、设计风格和各种流派，以及发展趋势都具有极其重要的意义，从而为我国的版式设计发展提供指导。

四、当今版式设计的发展趋势

随着高科技的迅速发展，社会经济的日新月异，人们生活节奏的加快和正在迅速成长的假日经济，人们之间的交流日趋快捷与方便。版式设计作为世界性的视觉传达手段，“百花齐放、百家争鸣”势所当然。在此基础上的版式设计，也必将朝着以下几个方向发展。

（1）创意至上。没有创意的作品如同人没有灵魂。在众人疾呼“没有创意就去死”的呐喊声中，版式设计的推陈出新和不拘常法就显得尤为重要。设计者应大胆想象，树立勇于开拓进取的观念，掀起一场设计思维与设计理念的全新革命。

（2）个性发挥。“个性”一词在今天的日常生活中使用频率很高。从中可以看出，当今时代，人们更期待个性化的事物出现。例如在版式设计中，文字从来没有像今天这样强烈地吸引着设计者。这种通过文字与图形化的编排所创造的幽默、风趣、神秘等独特形式，已发展为当今设计界艺术风格的流行趋势。这种设计手法给版面注入了更深的内涵，使版式设计达到一个更新、

图 1-33　文字图形化

（3）情趣为先。从当今世界各大媒体的发展趋势来看，版式设计在表现形式上正在朝着艺术性、娱乐性、亲和性的方向发展。过去那种千篇一律、生硬说教的版面形式已不复存在，取而代之的是一种代表新文化、新艺术、新感受、新情趣的版面形式（图 1-34 和图 1-35）。

图 1-35　情趣为先的设计作品

（4）紧跟科技。计算机已广泛应用于设计领域，成为必要的设计工具，给版式设计带来了无限的创意。数字媒体和多媒体组合的崭新手法不仅使人与人之间相互联系的方式发生变革，而且直接参与、规范人们的现实生活，开创了一个新颖的、丰富多彩的设计领域。计算机完成的影像合成、透叠、方向旋转、滤镜等处理方式为版式设计带来了新的可能，使版面不再是一个简单、单一的构成平面，而是出现了多视点、矛盾性的空间层次。

（5）休闲特征。随着人们物质生活的日益丰富，繁杂忙碌的工作之后，休闲的精神生活成了人们的首选。时下，假日经济迅速发展，设计师必须从实际生活出发，在版式设计的表现形式上，尽力迎合人们的这种生活节奏和生活理念。这是时代赋予设计师的艰巨任务，也是时代发展的要求。

总之，版式设计与经济和科技的发展密不可分，在当今崇尚变革、追求创意和个性化的时代，其表现形式会更加贴近大众，服务于生活，这也是版式设计发展的新阶段。

第三节　版式设计的特征

设计师创作的每一个作品，无论是一张招贴广告，一个包装立面还是书籍的封面，都是有生命力的。设计师在进行设计时，会发挥自己的全部智慧、情感和想象力，将所要传达的信息通过文字、图形，依据视觉美感统一起来，使各种元素构成的有机整体变成具有精神力量的可传递信息的载体。这个载体能抓住人们的视线，打动人们的内心，影响人们的思想，并给人以美的感受，同时将特定的信息清晰、快捷、有力地传达给每一个接触过它的人。

一、信息传播的直接性

版式设计的重要任务是根据信息内容和审美规律，运用视觉要素和构成要素，将承载信息的各种文字、图形及其他视觉形象加以编排组合，从而让信息有效传播。现今版式设计应用范围很广，如报纸、广告、招贴、书刊、包装、企业形象设计和网页设计等所有平面设计领域。优秀版式设计最大的特征就是信息传播具有直接性。例如，读者在阅读和欣赏一些平面作品时经常会发现，字体越大，越易于阅读；字形越长，阅读越困难。版式设计要做的是适当地增加或缩小字号和字间距、行间距，把一些零散的文字和图片进行有序组合，形成不同寻常的空间关系，从而减轻读者的生理和心理压力。例如，为了增加网页的可读性，网页设计时经常通过改变字体，或把文字分割成小块来处理，因为大块的高密度的文字会让用户感觉信息负荷超载，有压抑感；另外，在进行版式设计的时候要运用整洁的背景，让文字更清楚，以增强网页的可读性。

信息传播的直接性可以通过版面的醒目度与整体化来实现（图 1-36 和图 1-37）。版面的醒目度体现在信息样式或主旨对观众的视觉吸引。不管是户外林立的广告，还是书籍以及动态、多变的电视和网络媒体，为了能吸引受众视线，任何一组信息都要有强烈、突出的视觉主题，它可以是信息的核心内容，也可以是设计师想要重点突出的内容，如广告中的标题、广告语，或活动的重要信息点。一般来讲，标题往往是一组信息内容的核心和主题，往往运用大体量或强对比来处理，其目的不仅要发挥视觉吸引的作用，还要让观众在较短的时间内阅读并记住信息的要点。在实际应用中，标题又分主标题和副标题，副标题起补充说明的作用，一般与主标题作整体化处理。

版面的整体化是提高其醒目度的有效方法，能有助于实现信息传播的直接性。因为受社会信息量爆炸和现代生活快节奏的影响，文字阅读已经变得非常奢侈。很多时候，人们不大愿意停下脚步去阅读一段不知跟自己有无关系的信息内容，这是“读图时代”的共有特征。文字图形化是对相关文字内容进行整体化、个性化设计，使文字在作为信息载体的同时，呈现出图形化的特征，与其他版面元素共同发挥整体的视觉吸引作用。文字整体化、图形化处理可以加强信息传播的直接性。

图 1–36　“道法自然”招贴设计（一）

图 1–37　“道法自然”招贴设计（二）

二、设计的规律性

版式设计的规律性有助于观者更好地接收信息。在生活节奏快捷、信息量爆炸的今天，信息的传递需要简洁、精练，核心内容必须直接、鲜明，避免冗繁，这样才能让观者快速阅读，易识易记（图 1–38 至图 1–41）。

图 1–38　《加加酱油——筷子篇》　徐娜

图 1–39　《加加酱油——锅铲篇》　徐娜

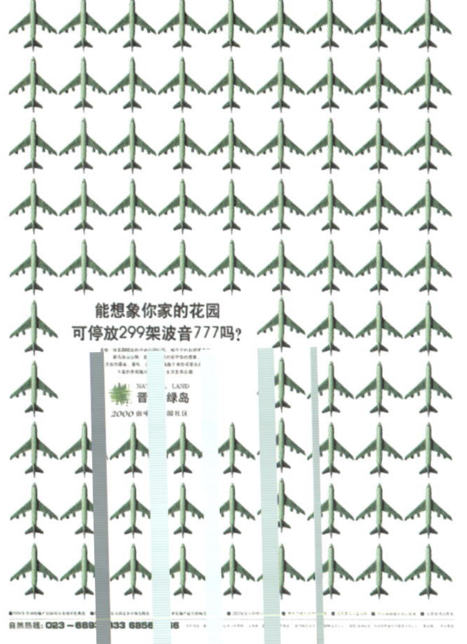

图 1-41 房地产广告招贴（二）

设计者在设计之初就要对版面内容进行梳理、分级，明确其核心内容、凸显内容、从属内容、阅读内容、点缀内容等，并确定其主次。信息内容的梳理是版式设计的第一步，只有有规律的信息，才能让读者有兴趣去阅读，提高信息传达的效率。

在设计中会有不同的信息内容和诉求点。有以形象诉求为主的项目，如网站首页、形象广告、宣传手册等。这些项目的文字量一般较少，往往以形象 LOGO、品牌名称为主，配合广告语、活动要点呈现，设计时可营造单一的视觉中心，将形象 LOGO 或品牌置于最主要的位置，占较大空间，而其他元素点缀呼应，形成由主到次的阅读顺序。此外，还有以大量信息介绍为诉求的项目，此类项目往往信息量较大，需要观众详细阅读。对于这类项目，设计师需对内容进行梳理、分类，根据内容的主次确定文字体量及位置，利用醒目的标题或图片引导观众，建立阅读顺序，体现版式设计的规律性（图 1-42）。

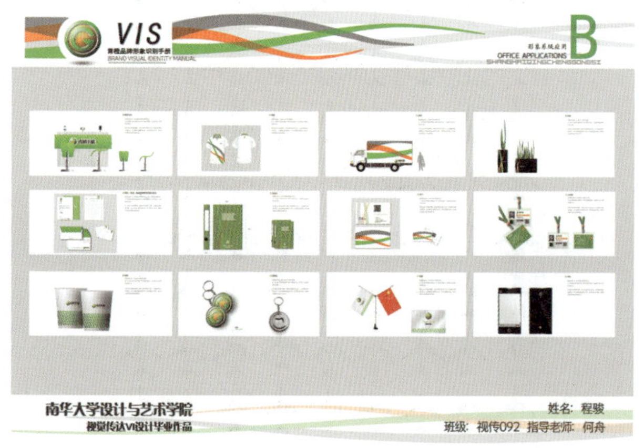

图 1-42 青橙品牌 VI 设计

三、设计的艺术性

版式设计的艺术性体现在主题是否醒目，版面的条理、层次、节奏、韵律是否合理等方面，包括设计信息元素的大小、比例、构成等。信息的艺术诉求是版式设计的核心，不可偏颇。平面作品无论是书、杂志，还是广告，给人的第一感觉应该是美，这是最重要的，没有美感，就难以引起受众的关注。遵循版面的艺术性是实现版面美的方法，版面的艺术性特征包括节奏、对称、对比、平衡等。只有让设计元素具有艺术性，版面才能达到美的视觉效果（图 1-43 至图 1-45）。

图 1-43 狗粮包装 樊晨晨

图 1-44 《你我之间》书籍内页设计 许茜

图 1-45 《魅力山西》宣传册设计 姚艳青

第四节　版式设计的基本原则

版式设计的最终目的是使版面具有清晰的条理，以悦目的编排方式来更好地突出主题，使版面达到最佳效果。在版式设计中，版面信息的逻辑性与版式设计的一致性，都直接影响版面视觉效果，因此应遵循以下基本原则。

一、主题突出

版面元素的主次关系决定阅读的顺序，可按照主从关系的顺序，将主体形象放大作为视觉的中心，表达主题思想。对文案中的多种信息进行整体编排设计，有助于突出主题。在主体形象的四周留白，可突出强调主体，使其形象更加鲜明（图 1–46 至图 1–49）。

图 1–46　端午节海报设计　肖涵殊

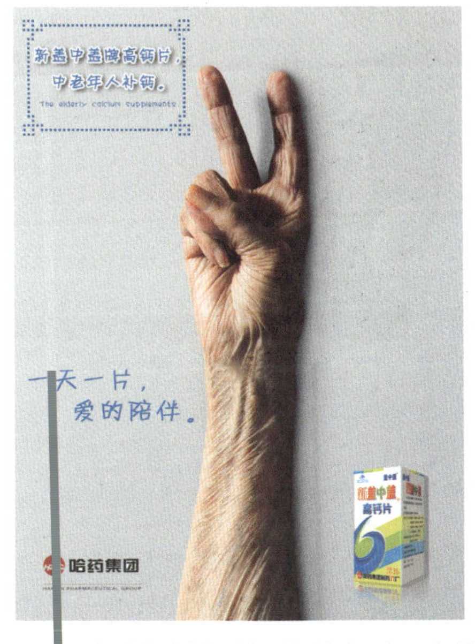

图 1–47　新盖中盖高钙片招贴设计（一）　李鸿祥

图 1–48　新盖中盖高钙片招贴设计（二）　李鸿祥

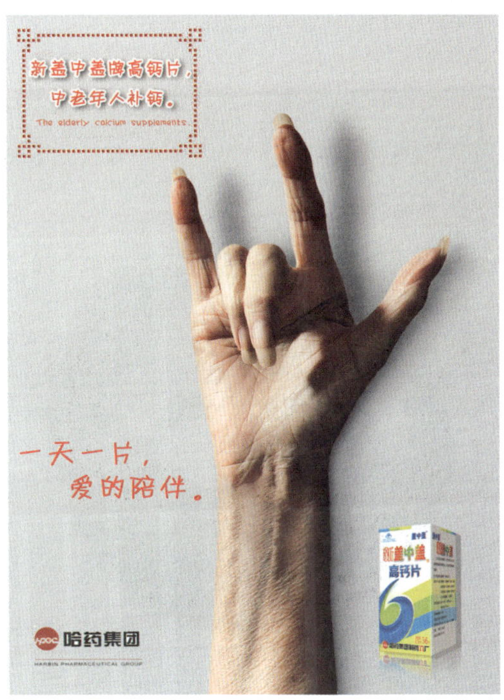

图 1–49　新盖中盖高钙片招贴设计（三）　李鸿祥

二、清晰易懂

版式设计要做到条理清晰、便于理解，须确保版面的秩序性、层次性和条理性。版面的秩序性指在版面的信息中，由主要信息到次要信息，能够逐一地吸引观者视线；版面的层次性、条理性能使阅读者更好、更清晰地了解信

图 1-50　海报设计　张爱民

图 1-51　武当山旅游海报

三、协调统一

版式设计的内容与形式应做到协调统一。版式设计的前提是设计者所追求的完美形式必须符合主题，在整合版面文字信息与图形后，通过生动、新颖的形式来表达主题思想（图 1-52 和图 1-53）。

图 1-52　字体海报设计

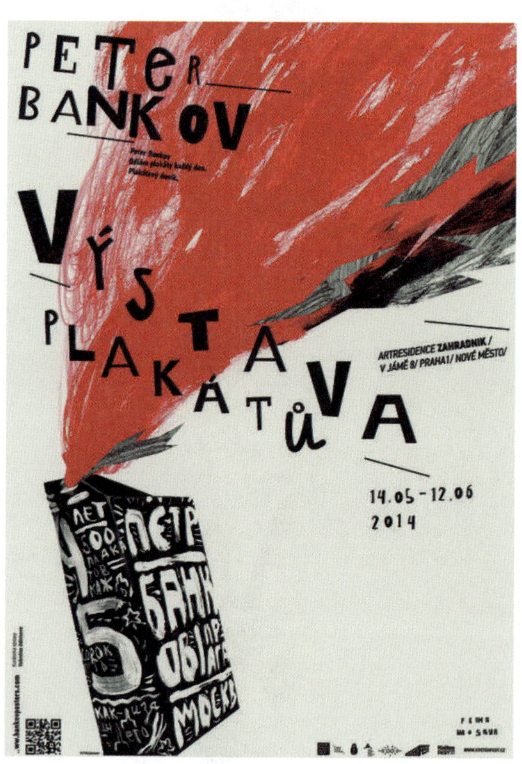

图 1-53　国外创意海报设计

第五节　版式设计的学习方法

在我国高等院校艺术设计专业教学中，“版式设计”是一门重要的专业基础课程。学习版式设计的目的在于培养设计者把握版式设计中各种要素构成关系的能力，掌握版式设计的本质，能将信息功能化、艺术化。通过版式设计的学习，学生能创作出优秀的作品。

版式设计的学习主要从以下几个方面着手。

（1）熟练掌握基础知识。通过各种途径掌握版式设计的基础知识，对优秀的版式设计作品进行逻辑分析。

（2）互动式学习。在学习过程中，学生要绘制大量的草图，进行多次快速练习，可与老师和同学展开互动讨论，使学习的过程更具有开发性，提高课堂学习的效率。

（3）分析优秀版式设计案例。掌握基础知识之后，应对中外优秀的版式设计作品进行认真分析，从好的设计作品中汲取营养，结合自己的经验，综合各种表现手法，使自己的审美理解力与实践表现力得到全面发展，提高自己的版式设计水平。

（4）理论与实践相结合。在学习版式设计的同时，应积极参加设计实践以及各种设计、创意大赛，将所学理论知识与实践巧妙结合；通过严格的基础训练和设计实践，深入地掌握版式设计的概念和表现方法，进一步巩固和提高自己的设计能力。

版式设计的表现需要服务于其主题思想创意。优秀的版式设计可以突出作品的主题思想，使之更加生动，更具有艺术感染力。

学习版式设计，应在掌握版式设计基础知识的基础上，对版面的空间、形态、色彩、动势等设计要素和构成要素进行深入的挖掘，并对这些要素的组合规律、表现可能性等进行全面的了解，可涉及平面设计的相关领域，如招贴、CI、包装、书籍、网页设计等，为以后的专业设计打下稳固的基础。

本章小结

本章主要介绍了版式设计的含义、应用范围及其发展历程、版式设计的特征、基本原则和学习方法。版式设计具有信息传播的直接性、设计的规律性以及艺术性等特征，在进行版式设计时，只有把握主题突出、清晰易懂、协调统一等原则，通过扎实的理论学习与大量实践才能真正掌握版式设计的技巧。

思考与练习

1. 版式设计的含义是什么？
2. 现代版式设计有哪些发展趋势？
3. 版式设计有哪些特点？
4. 版式设计应当遵循哪些原则？
5. 学习版式设计应从哪些方面着手？

第二章

版式设计的原理及艺术规律

本章知识点

版式设计基本构成要素及点、线、面的空间构成原理；版面中比例，黑、白、灰，图底错视，肌理的空间关系；视觉流程的设计原则及表现方法；形式美法则的运用；版式设计格调的分类及设计要点。

学习目标

了解版面中的基本构成元素、版面空间的关系；掌握视觉流程的设计原则和方法，能结合相关图例用艺术手段恰当地表现版面信息和格调，从而增强视觉信息传达的有效性和艺术性。

第一节　版式设计的基本构成要素

点、线、面是构成视觉空间的基本元素，也是版面构成的主要语言。版式设计实际上就是对点、线、面进行规划和布局，使它们按照内容上的相互关系贯穿起来，形成一个具有视觉吸引力的结构严谨的“载体”，让观者获得视觉美感。在设计师眼中，所有的视觉元素都可看成点、线、面：一个字、一个符号可以看成点，一行文字或一串数字可以看成线，数张图片、若干行文字或大面积空白可看成面。设计者通过点的空间排列、线的曲直与粗细的变化、面的虚实与大小对比以及点、线、面相互交错处理，使其具有表现力，组合成千姿百态的版面。当然这里所说的点、线、面并非单纯具象的点、线、面，而是这三种基本要素相对于版面空间而言的一种视觉感受。

一、点

在版式设计中，点是最小的单位，是指面积相对小的形状。其外形可看作缩短的线，也可看作缩小的面。

1. 点的视觉心理效果

点有不同的形状，形状类似、规则的短线和小面的规则点，具有规整感、严谨感的视觉心理效果（图 2-1）；形状类似、不规则的短自由线或小自由面的自由点，会给人以生动感、活泼感（图 2-2）；正圆形点无方向感（图 2-3）；偶然碰撞而迸溅形成的偶发点具有放射感、扩散感和随意感（图 2-4）；近似水平线或垂直线的点具有安定感、平静感（图 2-5）。

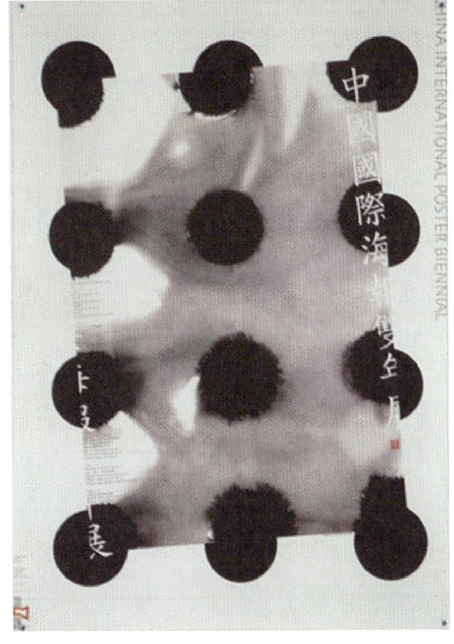

图 2-3　第一届中国国际海报双年展　韩绪

图 2-4　偶发点

图 2-1　台湾餐饮海报设计（规则点）

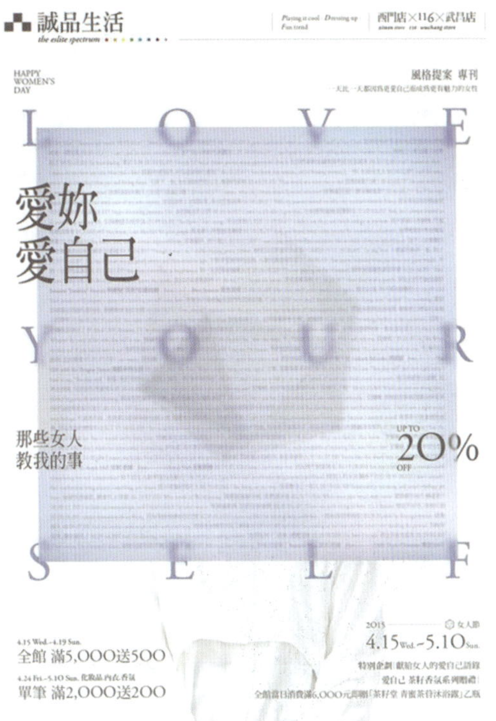

图 2-5　诚品书店海报设计（近似水平线的点）

2. 点的空间构成

点既可作为一种抽象而存在，也可作为一种具象而存在，这就需要设计者对美具有丰富的想象力和敏锐的感受。不同空间构成的点给人不同的视觉感受，起到活跃、平衡、稳定或丰富版面的作用。这些点的不同组合与排列，可以产生多种不同的视觉效果

（1）单点构成。点是视觉中心，也是力的聚集中心。当版面上只有一个点时，人们的视线就会集中到这个点上，该点就会成为视觉中心，产生聚集的效果，形成视觉的焦点（图 2–6）。

图 2–6　书籍封面设计

（2）双点构成。点在发生运动时即给人以线的感觉，如果两点有大小之分，人们的注意力就会首先集中在较大的一点，具有明显的运动趋势，由此在视觉上就形成了一定的强弱、主次关系，同时给人一种视觉的空间感和强烈的形式美（图 2–7）；如果两个等大的点各自具有其位置，两点之间则产生视觉秩序，人们的视线会在两点之间平均移动，心理上将产生张力，把两点连接起来（图 2–8）。

图 2–7　招贴设计（大小不同的点）

图 2–8　书籍设计（两个同大的点）

（3）三点构成。点还具有大小不同的性质，当三个点散开时，视觉秩序就会产生变化，即出现三角形的轮廓，并在点与点之间产生一个虚拟“面”的感觉，形成三角形的联想。点与点之间的内在关系在视觉上产生了流动变化，在版面中就具有了时空性质（图 2–9）。

图 2–9　国外平面设计

（4）多点构成。点的疏密、聚散和空间的排列，会带给人们一种多样生动的视觉效果，众多点的聚集能引起版面重心和张力的变化，使版面格外生动。

多点构成可以分为规律型多点构成和非规律型多

点构成两种类型，其中规律型多点构成包括重复型多点构成和等间隔点构成（图 2-10 和图 2-11），而非规律型多点构成以渐变型多点构成和自由型多点构成较为常见（图 2-12 和图 2-13）。

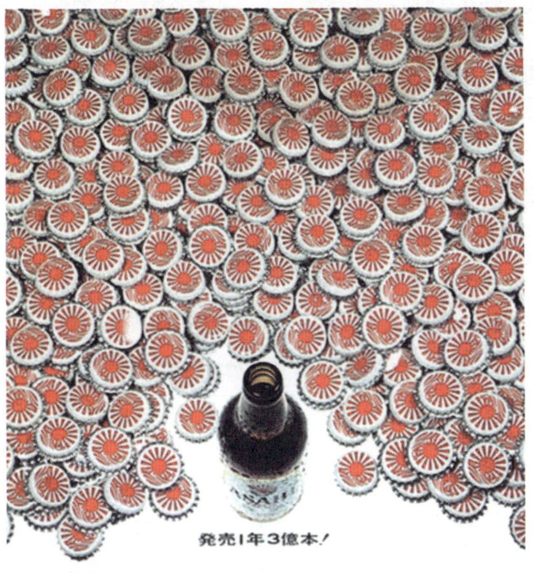

图 2-10　1966 年 MBP 特别奖海报

图 2-12　茶叶画册

（5）自由点构成。自由点大小不同，形状各异，将其做前后、高低的排列，会给人以跳跃、运动、欢快的感受，形成有空间变化的版面效果（图 2-13）。

图 2-13　新思路·艺术设计工作室宣传册　赵勤

二、线

在几何学定义中，线是点移动的轨迹。线只有位置及长度，而不具有宽度和厚度。

1. 线的视觉心理效果

线在所有的视觉元素中是最活跃、最富个性和最易于变化的，其在版式设计中的表现力最强。平面和立体都可以通过线表达出来。线作用于人的视觉，其形式美蕴含在其自身丰富的变化之中，具有趣味性、目标性和运动性，是传达设计内涵的重要造型要素。在版式设计中，线可以是一排文字、一行空白或一个色带，每一条线都有属于自己的独特的表现方式。由于线的形态不同，在不同情境中，线给人的感受差别很大，甚至相反。从不同的角度凭借自身的特性，给人不同的感受，这就版式设计中的线，有暗示、导向、延伸、分割、包围等视觉心理效果。直线通常给人以简洁、直接的感觉（图 2–14）；斜线具有方向感及动荡和不安的感觉，富有现代气息和速度感（图 2–15）；曲线则有柔和、雅致之感（图 2–16）；粗线有粗壮感、浑厚感、力量感（图 2–17）；细线有纤细感、精巧感、秀美感、柔弱感（图 2–18）；光滑的线有明快感、流畅感、坚挺感、速度感（图 2–19）；粗糙的线有苍劲感、涩滞感、古朴感（图 2–20）；硬性曲线具有躁动、焦虑、不安的感觉（图 2–21）；软性曲线具有流畅、舒心、浪漫、柔情、诗意之感（图 2–22）。线无论如何变化，都应根据主题内容对其有机地组合运用，才能给观者以美的视觉享受，与设计者产生共鸣。

图 2–14　Kate Marie Koyama 海报设计（直线构成的版面）

图 2–15　拂晓画艺宣传册（斜线构成的版面）　赵勤

图 2–16　新思路工作室宣传册（曲线构成的版面）　赵勤

图 2–17　文字排版（粗线构成的版面）

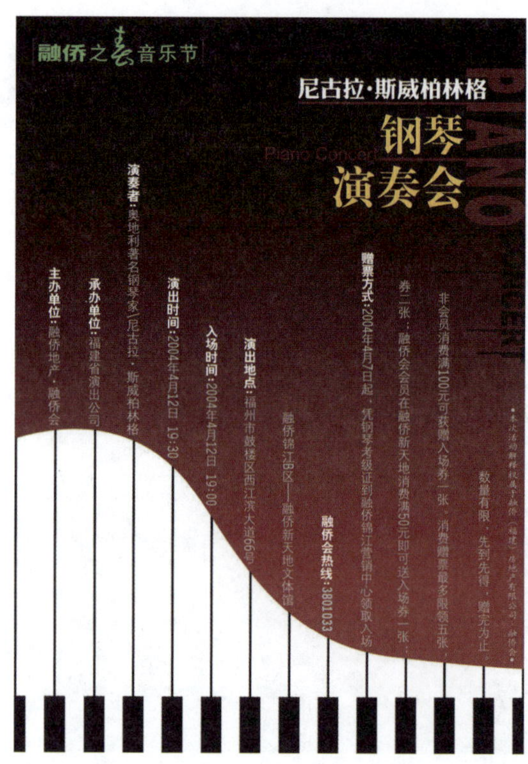

图 2–18　钢琴演唱会（细线构成的版面）

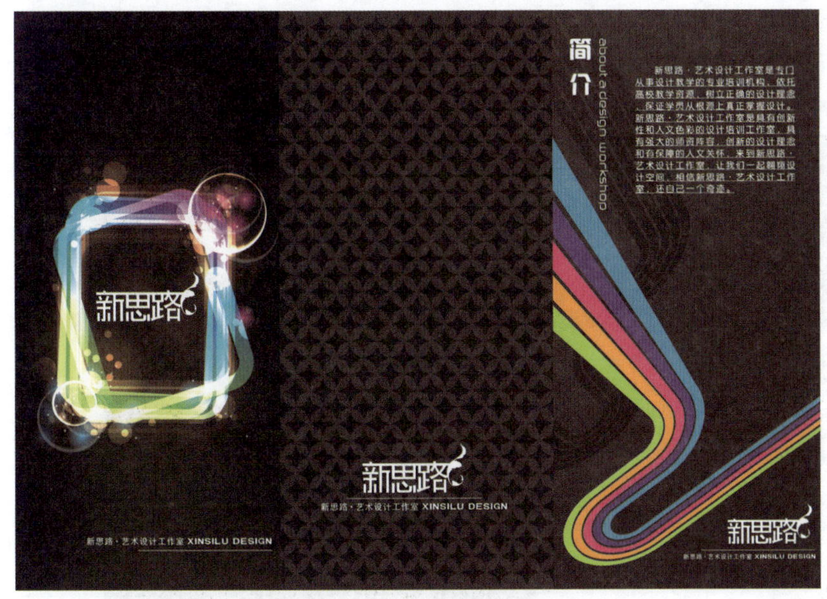

图 2-19　新思路工作室宣传册（光滑的线构成的版面）　赵勤

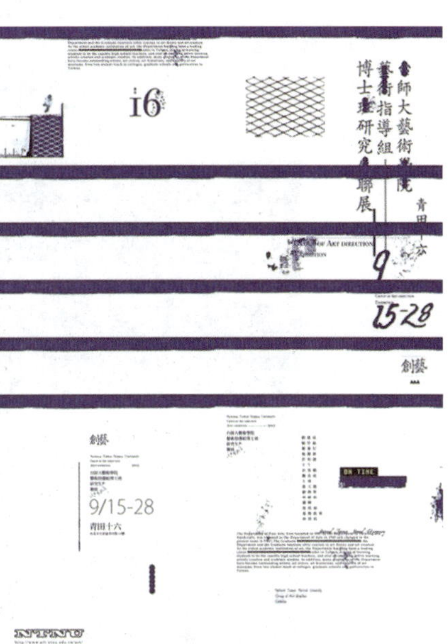

图 2-20　2013 年红点视觉传达设计大奖入选作品　李鸿祥

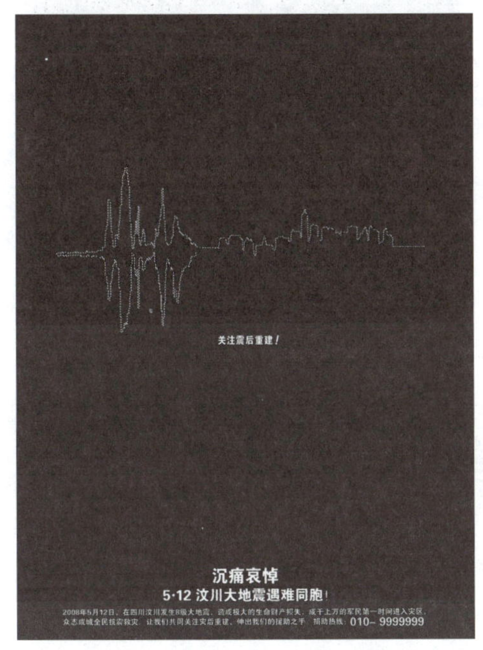

图 2-21　汶川地震海报（硬性曲线构成的版面）　赵勤

2. 线的空间构成

在实际的版式设计中，文字构成的线往往占据着版面的主要位置，是设计者处理的主要对象。线可以构成各种装饰要素以及各种形态的外轮廓，它们起着界定、分割版面各种形象的作用。线可以串联各种视觉要素，也可以分割版面。将不同空间构成的线运用到版式设计中，会产生不同的效果。

（1）线的粗细构成。将粗细不同的线排列组合在一起，粗的线感觉较近，细的线感觉较远，其所产生的空间深度，为设计带来无限的可能（图 2-23）。

（2）线的渐变构成。版面上同一条线从头至尾的粗细变化，或者因间隔距离大小的渐变而产生远近感，能使作品产生韵律（图 2-24）。

图 2-24　Gacha 海报设计（线的渐变构成）

（3）线的发射构成。线条由中心向四周发射，就好像太阳光芒的照射，能起到扩充版面的作用（图 2-25）。

图 2-25　艺元素工作室宣传册　赵勤

（4）线的自由分割构成。设计师也可根据版面内容，凭借个人的艺术感受，不受任何限制，完全按照个人审美喜好来设计线条，可使版面机动灵活，个性突出，视觉效果强烈（图 2-26 至图 2-28）。

图 2-26　利用垂直线与水平线对版面进行分割，产生了丰富的变化

图 2-27　版面采用等分分割，获得了秩序的美感

图 2-28　版面采用斜线、水平线、垂直线分割，体现热情、信赖感

三、面

线的移动形成面，不同的线通过不同的方式扩张可形成不同的面。

1. 面的视觉心理效果

面具有鲜明的个性和情感特征，在设计师个人意识的支配下可产生丰富的形态。面可以分为几何形和自由形两大类。几何形的面简洁明快，容易被识别、理解和记忆，给人以整齐、严谨、精确、理性的视觉心理效果，如方形面、圆形面、三角形面等。其中，方形面给人以崇高感、坚挺感和严肃感（图 2-29）；圆形面给人以集中感、圆满感，是完整和圆满的象征（图 2-30）；三角形面，其底边是水平线者，给人以庄重感、稳定感和上升感（图 2-31），底边是尖角者，则给人以紧张感、不安感和下坠感（图 2-32）。自由形面由自然流动的曲线构成，具有活力，给人以温暖感（图 2-33）。特别是手绘性自由形，能在最大程度上体现作者的个性和情感（图 2-34）。

图 2-29 “食品添加剂的危害”宣传广告（方形面） 李鸿祥

图 2-30 国外杂志版面（圆形面）

图 2-31 Michal Batory 平面设计（三角形面）

图 2-32 水墨白瓷海报设计（底边为尖角形面）

图 2-33 Quim Marin 海报设计（自由形面）

图 2-34 第 19 届时报亚太广告奖平面类金奖作品《食物的典故》（手绘性自由形）

2. 面的空间构成

面在版面空间中占有的面积最大，因而在视觉效果上要比点、线更为强烈，具有鲜明的个性特征。面本身具有色彩、肌理等方面的变化，同时面的形状和边缘对面的性质也产生很大的影响，在不同的情况下会使面的形象发生变化。在进行版式设计时，只有合理控制各个面的大小、形状，才能产生具有美感的视觉效果。

（1）相同形状的几何形构成的面。在进行版式设计时，相同形状的几何形可做连接、重复构成，进行面的组织和创造，可运用面的分割、组合、虚实交替等手

（2）不同形状的几何形构成的面。不同形状的几何形的大小、距离、方向、曲直变化会影响版面的整体布局。与点和线相比，面形态在版面中所扮演的造型角色更为直观和单一，这一特征在较大面积的抽象造型中尤为突出。因此要把握不同形状的几何形的整体性，使之与其他要素和谐统一，才能产生具有美感的视觉形式（图 2-36）。

点、线、面之间可以互相转化。比如多点有序排列，可转化为线；多点相邻、相聚、密集或重叠，可转化为面；缩短的线，可转化为点；线经过排列、交

小可转化为点；较小面积的面经有序排列，可转化为线；多面相邻、连接、密集、重叠，可转化为新的更大面积的面。点、线、面三个要素往往相互穿插而共存于版面之中，且各自扮演着自己的角色。在设计时，应合理地运用版面的视觉要素，用点、线、面构筑丰富的审美空间。

图 2-35　日式展陈海报宣传设计

图 2-36　荷兰中心博物馆标志设计

第二节　版式设计的空间关系

版式设计的空间关系虽然由多种因素决定，但其中最为根本的因素是版面空间中各视觉元素所占比例的大小、黑白灰关系的概括表现和位置的变化等，如何把这些因素有机地结合起来并灵活运用，是对设计师文化内涵、艺术修养和艺术感受力的一种考验。

一、比例关系与空间

比例是指某一对象局部与局部、整体与局部及每个元素与整体版面之间的相对关系，不涉及具体的尺寸，多指对象之间的数量比。达·芬奇说过，“美感完全建立在各部分之间神圣的比例关系上”。要使版面和谐，就必须在量的差异上找出合适的比例。实现版面视觉均衡的方法包括以下三种比例：“三三黄金律”，即两条垂直线和两条水平线交汇的四个点形成视觉中心（图 2-37）；“四分法”，即对版面做“纵三横四”分割，几个相邻矩形组合在一起实现平衡（图 2-38）；“黄金分割”理论，即长宽之比为 1 ∶ 0.618，以此设定字号的大小、线条的粗细、围框的大小、点线面组合的比例（图 2-39）等。版面中照片的长宽比，多幅照片的大小比，以及文字块的长宽、大小比如果符合黄金分割的比例，会令人赏心悦目。

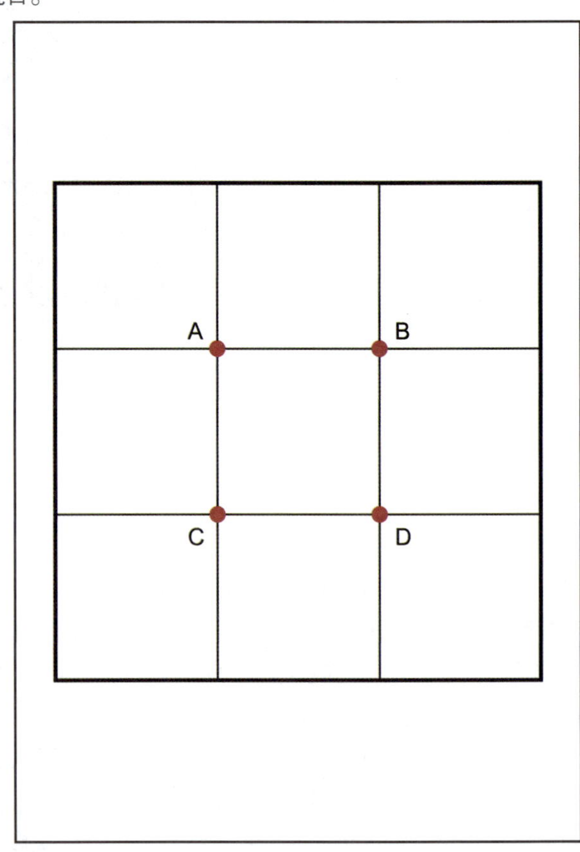

图 2-37　三三黄金律　加瑜

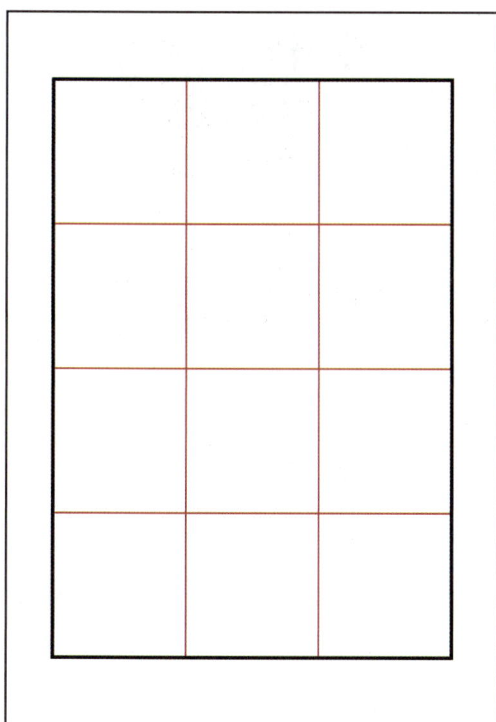

图 2-38　四分法　加瑜

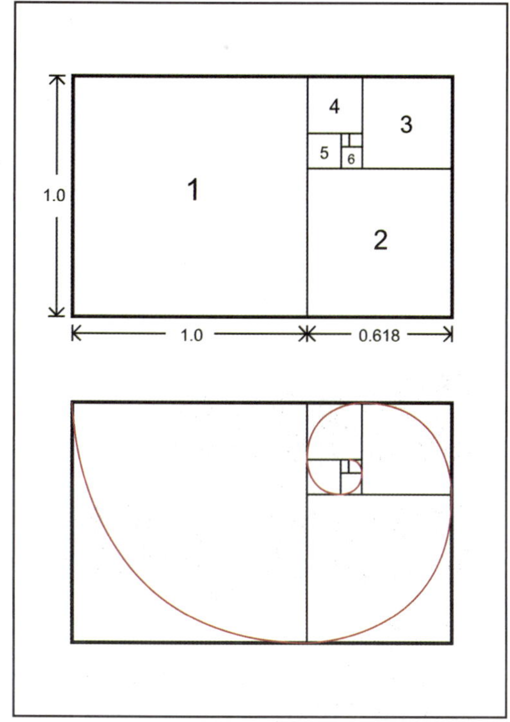

图 2-39　黄金分割　加瑜

1. 视觉元素的比例关系

版式设计的关键是掌握好各元素的大小和比例关系。合适的比例可以使版面各元素条理清晰，在视觉上符合读者的阅读心理，达到最佳的诉求效果，有助于引起读者的阅读兴趣，延长读者持续阅读的时间。如果各服，在信息传达方面也会恰到好处。如图 2-40 所示，其版面中的雨伞形成了一种漂浮移动的效果，起到了保护候鸟的作用，与画面主题相符，给人一种清新、自然的美感。如果各元素的比例大小把握不好，在画面结构上，往往所占比例比较大的元素在版面中会很抢眼，在视觉上没有鲜明的主次顺序，留给观者印象深刻的便只有所占比例较大的元素；在信息传达方面，作品所要传达的信息就不会很明确，也可能与所要传达的信息有偏差。所以，在版式设计中，各要素大小比例的运用要十分谨慎。

图 2-40　鄱阳公益广告《雨伞篇》　赵勤

2. 整体与局部的比例关系

人们阅读时，首先会在视觉上对版面有一个整体感受。因此要求版面的整体风格要统一，设计师在利用视觉元素（如文字和图形）把信息传达给受众的同时，也要保持风格一致，达到多样统一的视觉效果。对于某一个具体版面而言，其文章的主次、长短，字号大小，标题横竖的搭配和色调的统一都应整体规划。在处理整版长篇文章时，其版面可用线、分组等方法使版面局部服从整体，各视觉元素间要能够形成恰当而自然的联系。设计者应尽可能将版面思想内容用简洁、明了、醒目、生动、新颖、有序、准确的方式表达出来，力求版面整体简约化。如图 2-41 所示，其版面比例大小适当，整体与局部关系和谐，左右版面色调统一，文字采用分组和画线的方式，信息一目了然。但是，追求规整和统一并不意味着要放弃对版面各个视觉中心的强化处理。视觉中心具有突出特征，是能

Storia di copertina

UN PIÙ GRANDE PAESE

L'espressione "attaccati alla poltrona" è il sintomo del nostro distacco dallo Stato, come se gli italiani fossero una cosa diversa dall'Italia. Sbagliato. Inutile

图 2-41　国外报纸版面

二、黑、白、灰关系与空间

无论是彩色的版面还是黑白的版面，都可归纳为黑、白、灰的空间构成，黑白灰关系不仅包括黑色、白色、灰色所形成的关系，还包括通过字体的大小，线条的粗细、曲直，色彩的面积，图形疏密的组织等体现出来的关系。在版面中，白色是让人最先感觉到的颜色，最后感觉到的是灰色，黑色介于两者之间。版面的近景是白色，中景是黑色，远景是灰色。黑、白、灰关系是版式设计中不可缺少的部分，黑包括标题、图片、装饰线等；白包括版式设计区域的留白等；灰包括文字组成的内容区域、底纹等，作用是将版面中多种孤立的元素（如文字、图形、色彩等）通过明度上的变化有机地联系起来，形成一个整体，从而达到整体和谐。版面的中心是黑白对比最强的地方，版面是否丰富、协调，在于灰面，灰色是一种性格温和的调子，起到调节色调、丰富版面的作用。为了丰富版面，呈现节奏、韵律，黑、白、灰往往交错布局，你中有我，我中有你，使简练的元素产生丰富的效果，形成良好的空间关系。

1. 文字的黑、白、灰空间编排

文字是版式设计中传达信息的重要载体，同时也是营造版面黑、白、灰空间不可分割的一部分，对视觉传达效果有着直接影响。黑与白的文字块面积和位置相同，容易导致版面呆板和沉闷，如把文字安排在大小不等的色块中，随着灰度的变化，则能体现出空间关系（图 2-42 和图 2-43）。除了文字等实体造型元素，版面编排后剩余的空间即“虚形”，也会影响版式设计的视觉效果。可通过调整文字的大小，将虚形与字体实形相结合，使实形在视觉上产生动态，形成“灰空间”（图 2-44），让版面上细小的黑色文字形成虚空间，可有力地衬托标题。在安排文字的位置或进行结构变化与字体组合时，应充分考虑虚形的位置与大小（图 2-45）。“计白当黑”是把文字间的空白做过渡性设计的一种方法，可以通过版面编排、处理达到“以形写意，以意达神”的目的。在文字编排时，讲究空白形成的“灰空间”，是为了更好地衬托主题、集中视线和拓展版面的视觉空间层次。合理利用文字编排和空白形成“灰空间”能使版面布局清晰、疏密有致，给读者留出视觉停留和自由想象的空间。

图 2-42　海报设计　Sulki & Min　工作室

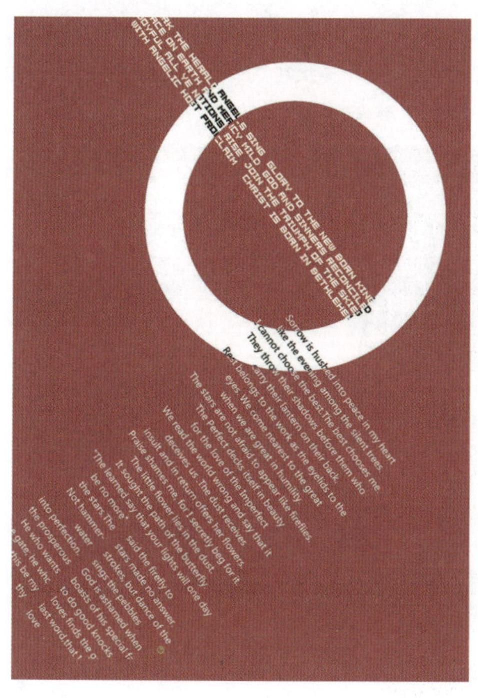

图 2-43　国外杂志版面

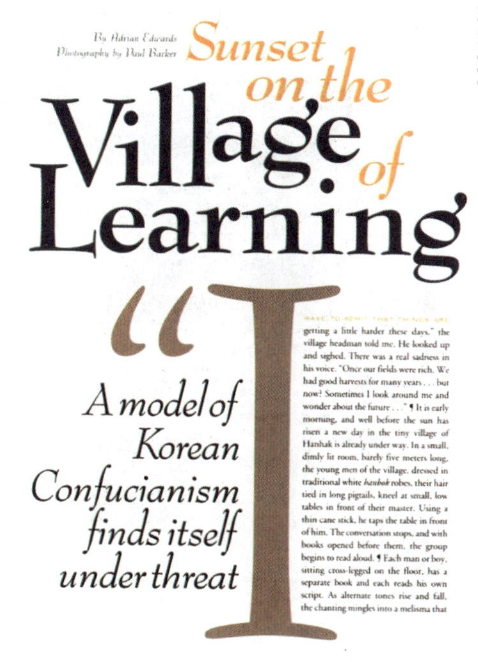

图 2-44　国外杂志版面

图 2-45　国外杂志版面

2. 图形的黑、白、灰空间组合

现代社会已经进入读图时代，图在版面中的地位和作用越来越突出，所占据的版面面积也越来越大。图形简洁明了，能让版面的主题突出。设计师通过控制图片的数量、形状、位置的变化以及图形的色彩、色调来营造黑、白、灰空间，调和设计元素间的差异。图形可使版面空间形成过渡，成为版面空间的一个关联元素，形成节奏（图 2-46）。另外，图形的黑、白、灰空间作用还体现在版面的编排和图片的相互叠加，重合、

的黑、白、灰空间，增加画面的空间深度（图 2-47 和图 2-48）。在实际的版式设计中，文字常常成为图形的一部分。在图文一体的编排过程中，这种编排的行文既是平面的，又是立体的。用图形的虚实、互相叠加和重合等手法来达到图文一体，可使版面产生丰富的层次。

图 2-47　海报设计　Paul Gardner

图 2-48　*The Appleseed Cast* 演出海报

3. 色彩的黑、白、灰空间运用

通常，版面的色彩搭配是提升版面气场的有效手段。根据内容运用色彩搭配的原理选择合适的色彩，会起到瞬间吸引读者视线的效果。当读者看到版面时，色彩立即传递信息，使人产生空间的联想。无论是有色的版面还是无色的版面，均为黑、白、灰的三色空间层次。黑白为对比极色，单纯、强烈、醒目，能保持远距离视觉传达效果；灰色往往形成“灰空间”，能涵盖一切中间色，且柔和、协调。三色的近、中、远空间位置，依版面具体的明暗调关系而定。如图 2-49 所示，版面中白色为近景，灰色为中景，黑色为远景，视觉上层次分明而富有节奏感。

图 2-49　海报设计　Scott Campbell

色彩是创造视觉空间的最好帮手，不同色相、明度、纯度的色彩都会产生不同的空间感受（图 2-50 至图 2-54）。黑、白、灰空间色彩的冷暖和明暗的合理搭配起着协调整个版面色彩的作用，反之黑、白、灰空间色彩搭配不当，则使版面中各元素关系混乱、主题模糊不清。

图 2-50　海报设计　Paul Lee

图 2-51　电影海报设计　Jeremy Saunders

图 2-52　电影海报设计

图 2-53　《给我一点呼吸空间》海报设计　李永铨

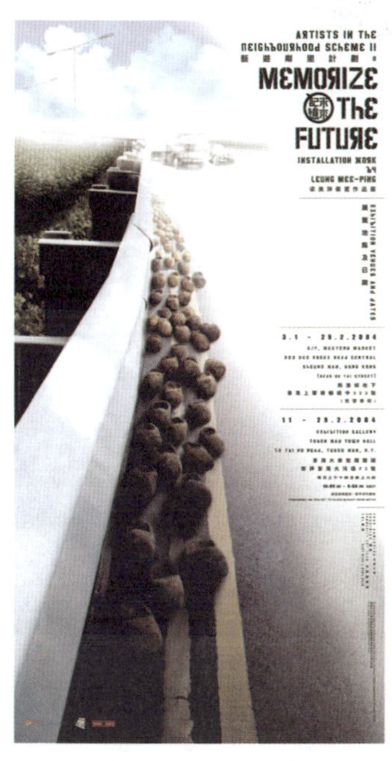

图 2-54　《梁美萍装置作品展》海报设计　李永铨

三、图底错视与空间

错视指人们对某一事物的视觉感受与客观事实不一样，是利用特殊的图底表现方式，在版面中产生多变的层次和不确定的空间关系，营造有趣、新奇、变幻莫测的艺术空间效果。随着设计师表现手法的多样化，版式设计作品视觉冲击力的增强，图底错视空间的特殊表现形式已经被越来越多的读者所喜爱。

1. 图与底的相互关系

凡是被封闭的形，容易被看成图，而封闭包围这成图，统一、规整的形比零散的形容易被看成图；明度对比强的形容易被看成图。从中可以看出，图与底的不同关系可使版面产生丰富的空间层次。如果图与底的安排比例恰当，不仅能创造出图与底互换的错视效果，增添版面的趣味性，还能满足人们的审美需要。如图 2-55 所示，当眼睛注视图中白色部分时，会呈现杯子的形象；当注视两边的黑色部分时，就会看到两个侧面人像。这种时而成为图形，时而又成为背景的现象，称为图底反转或交错图形。它是各元素在相互矛盾、相互补充、相互统一中形成的图形。在版式设计中运用反转图形，能够体现出动与静、正与负、对比与统一等美感，增加版面的空间层次，让观者感受到无穷的乐趣。

2. 图与底的空间表现

版式设计中图与底的空间表现是设计师巧妙设计的，当人们的视觉集中于一种图形时，另一种图形则转换为背景，反之亦然。在图底转换的构成中，设计师应该有目的、有意识地考虑空白背景存在的意义及其将在版面整体构成中起到的重要作用。背景不应成为某种干扰因素，而应成为版面中形与形连接的不可分割的一部分。

（1）正形（图）与负形（底）的交替变换。版式设计要求作品准确快速地传达信息，合理地利用图与底的视觉次序进行编排，使图形、文字、色彩等视觉语言要素依据主次关系形成一条视觉链，读者可沿着这条视觉链感受版面的信息。如图 2–56 所示，版面中的图形、色彩、文字顺着手臂的方向依次排列，正形（手指）部分是版面的焦点，负形是手指形成的一个头部形象，正负交替，整个版面妙趣横生。图 2–57 所示为正负交替设计的海报，由简练的线和面构成；根据主题内容，版面内正形与负形交替，正形为字母 F，在白色背景中非常醒目，再仔细看可以发现，负形隐含在白色块里面，是一匹马的图形。整个海报简洁、明快，让人产生好奇心理，易加深视觉记忆，信息传递一目了然。

图 2–56 IBM 公司海报

图 2–57 正负交替设计的海报

（2）主题与背景的相互交融。在版式设计中，互相转换的图底关系不仅可使主体与背景互相交融成为一个共同体，也会使整体版面具有包容性和双重性。如图 2–58 所示，版面图底相互交融，巧妙利用中国戏剧人物进行设计表现，同时戏剧人物的身体与背景水墨融为一体，上下交错并置，深蓝色水墨笔触形成画面的“底”，与戏剧人物的身体完美衔接融合，既是背景又是图形，虚实互补、互生互存、中西合璧，海报的“成都川剧”主题呼之欲出，简洁而有趣。这幅海报中主体与背景的相互交融，既可满足人们的猎奇心理，又可增强视觉效果，为版面构成形式创造了一片新天地。有效地处理好图底关系，不仅能使主题一目了然，还能最大限度地利用空间，简化图形，增强版式设计的视觉趣味。

图 2–58 川剧主题海报设计（作者：李耀辉）

四、肌理对比与空间

肌理也称质感，其呈现出的丰富的视觉和触觉效果为版式设计提供了充分的条件。在版式设计中，对文字、图形等视觉元素进行重复、渐变、发射、变异、对比等，也是一种肌理构成，能给设计者带来更多的艺术灵感和探索设计表现的空间。

1. 运用文字肌理强化视知觉感受

设计师可以将文字看成一个或一组图形，与背景上面的色块组合在一起，达到多与少、简与繁、深与浅的对比和烘托效果，这是肌理在版式设计中常用的手法之一。图 2–59 所示版面中大小和色彩不同的文字形成了一种肌理，有效地烘托了人物形象。另外，利用字体的笔画造型结合肌理作为表现手段，通过对自然肌理或偶然性肌理的主观处理，可增强文字的视觉冲击力。视觉冲击力越强，其带给受众的震撼力也就越强，从而起到加深受众印象的作用，使受众在视觉和心理上获得极大的满足。如图 2–60 和图 2–61 所示版面，其对文字笔画和结构的变形，具有强烈的视觉效果。

图 2-59　国外报纸版面

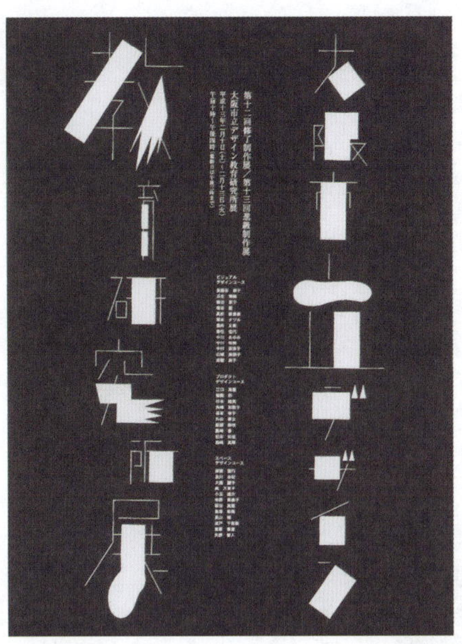

图 2-60　Toshiyasu Nanbu 招贴设计

图 2-61　城大专业进修学院毕业设计展作品

2. 运用图形肌理增加艺术美感

在设计中运用图形肌理，可以突出版面主体。只有根据节奏、韵律、对比、均衡等形式美法则，处理好图形肌理表现出的重与轻、刚与柔、粗与细等关系，才能够充分地表达作品外在的形式美感和张力，使人在获取版面传达的信息时，同时获得审美体验。

（1）摄影图片肌理。随着数码摄影技术的广泛应用，运用摄影的手法对版面进行点绘、图片堆积等技术处理，能给读者带来视觉上和触觉上的不同感受，从而留下深刻的记忆。如图 2-62 和图 2-63 所示，其底纹写实的肌理与标题形成了强烈对比。

图 2-63　国外拳击海报

（2）绘画艺术肌理。绘画艺术肌理是通过各种绘画材料（如笔、纸、颜色等）描绘出的不同的肌理效果，如图 2-64 所示。在图 2-65 中，其版面巧妙地利用了笔触、水与色的相互作用以及颜料自由生成的图形，水色在流动、融合的过程中产生了种种神奇美妙的肌理效果，表现出朦胧梦幻的美感。当观者看到这样的版面时，就会感受到绘画艺术的美感和情趣，从而更加直接、切身地体会到艺术的感染力，得到美的享受。例如

用既能体现中国特色，又能体现其文化内涵。如图 2-66 和图 2-67 所示的版面，其对中国传统水墨的神韵表现得淋漓尽致。

图 2-64　国外海报

图 2-65　Olly Moss 插画及海报设计作品

图 2-66　“弥乐空间”网页设计（一）

图 2-67　“弥乐空间”网页设计（二）

第三节　版式设计与视觉流程

版式设计的视觉流程是一种视觉空间的运动，是视线随各元素在空间沿一定轨迹运动的过程，通俗地说就是指受众阅读信息的先后过程。视线在空间的这种流动线为虚线，目的是诱导读者的视线按照设计师的意图获取最佳信息。设计师要重视并善于运用这条贯穿版面的视线，从而更好地传达版面所承载的相关视觉信息。

一、最佳视域与视觉流程设计原则

1. 最佳视域

在一个界定的范围内，人的视觉注意力是有差异的，注意力价值最大的是版面的上部、左侧、左上和中上（图 2-68），此即为最佳视域。很多设计作品都在这些部位安排主要信息。一个成功的版式设计作品应能引导观者的视线按照设计者的意图，以合理的顺序、快捷的途径、有效的感知方式去获取最佳印象。

2. 视觉流程的设计原则

（1）视觉流程必须具备秩序性。设计版面时应以人的视觉心理认知为依据，明确版面上各元素的主次秩序，利用不同元素的强弱对比，在设计上遵照从左到右、从上到下的阅读顺序，选择最佳的视觉区域，将这些元素联系起来，做到主次分明，形成一个秩序性极强的视觉流程。如图 2-69 所示，该海报采用中心轴对称的方式构图，各元素从上到下依次排列，人的视线沿着中心轴上下流动，秩序性强。

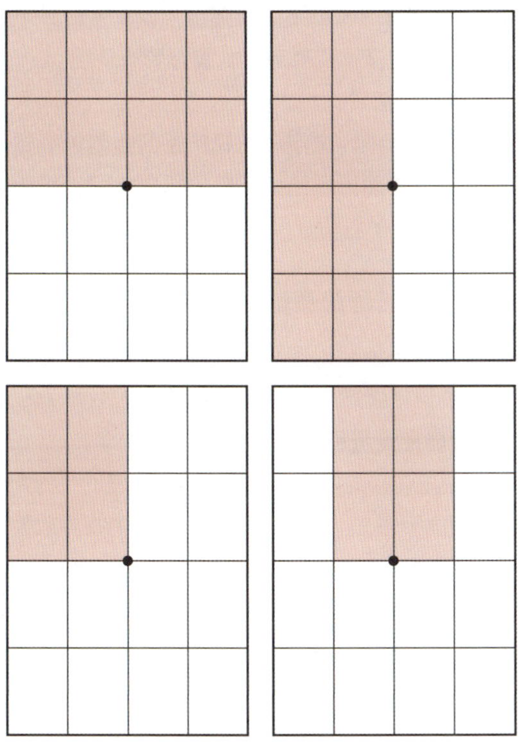

图 2-68　最佳视域结构图　加瑜

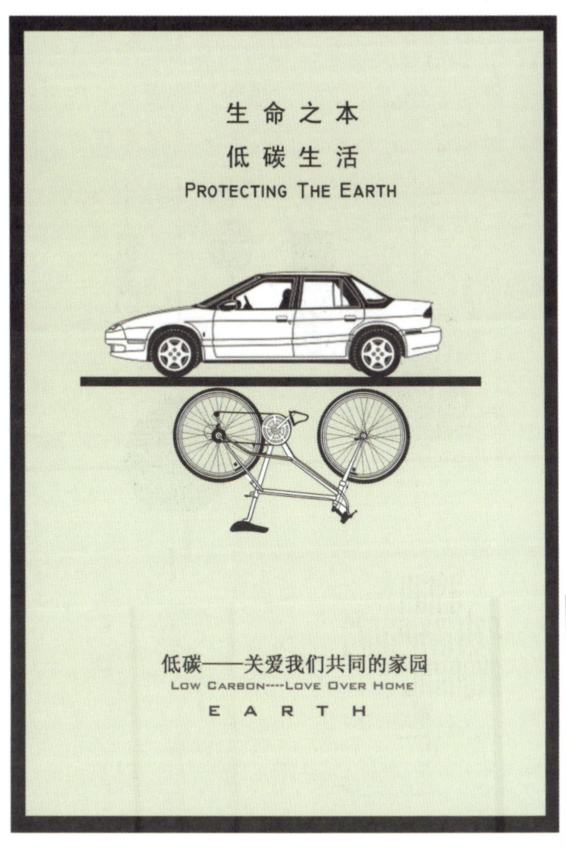

图 2-69　《低碳——关爱我们共同的家园》　李克凤　姚彬

（2）视觉元素应具有辨别性。辨别性在视觉流程的设计中具有重要作用，视觉元素要方便辨认，视觉语言必须易读、易记。因此，根据设计内容的需要，对视觉元素进行处理，如选择不同字体、划分段落、区分标题主次关系、用色彩区别各相邻构成元素、加强设计的整体性等，都是强化版面辨别性的设计手法。如图 2-70 和图 2-71 所示环境保护系列广告，其广告语采用日常的口语，容易记忆，图形选用卷纸和雪糕，简洁明了，读者通过瞬间的接触，就能直观受其魅力。

图 2-70　环境保护系列广告《卷纸篇》　加瑜

图 2-71　环境保护系列广告《雪糕篇》　加瑜

（3）设计构成应有一定的主题。针对不同的设计要求及特定的内容，必须进行一定的总体设计和构思，可按照所要表达的内容选择不同的定位来策划，如节假日定位、消费群体定位、生活情趣定位等，来安排视线的流向及步骤，目的是吸引观者注意，进行诱导，传达信息。如图 2-72 和图 2-73 所示，该宣传册根据端午和元旦两个节日进行主题设计，《端午篇》版面采用蓝绿色来凸显春夏之交的盎然生机，《元旦篇》采用红色来凸显喜庆团圆。两个版面虽然传达的信息是相同的，但是由于选择的主题不同，其构成形式也不同。

图 2-72　拂晓画艺系列宣传册《端午篇》　赵勤

图 2-73　拂晓画艺系列宣传册《元旦篇》　赵勤

二、视觉流程设计的基本手法

1. 瞬间吸引

设计作品要吸引观众，必须在 10 ~ 15 秒的时间内抓住观众的视线。由外界而来的信息能否抓住观者的视线决定了设计的成败。版面上重要的内容可以放置在最佳视域，同时配上和内容相关的图形，通过合理的版面构图、生动的图形及对比强烈的色彩，运用拟人、比喻、夸张等手法及新工艺、新材料、新技法等手段，做到由醒目而入目，继而注目，并达到悦目，让版面瞬间吸引观众。具体可采用下列做法：

（1）放置醒目的招贴式的大幅照片。

（2）运用对比手法进行烘托，如留空面积对比、黑白对比、疏密对比等。

（3）用色彩、纹样或边框修饰、衬托文字。

（4）将文字标题放在视觉冲击力最强的位置进行特别的设计，如标题放大、竖排、套底纹、套色、压图等。

这些方法对主次分明的版面具有明确的中心指向性，适合现代人快节奏的生活方式，可瞬间吸引读者的注意力。

2. 强化简约

对版面的信息载体（如图形、标题、能够传达主题内容的说明文字及相关的色彩等）进行整体安排时应力求单纯、简洁、条理清晰、一目了然。人们只有在瞬间受到强有力的视觉冲击时才会停留下来对事物给予足够的关注，所以，要遵循视觉流程设计原则进行编排、组织和处理。文字内容要简练，辅助的边框纹样等要简约，构图要简明；内容要重点突出，以点带面；风格应个性鲜明；视觉流程要有节奏，编排要有条理。

3. 即刻记忆

在版式设计中，文字和图片产生的强烈的视觉对比度及放大的主体图形可给人无限的想象空间，能为人们提供一种流畅性的视觉感受，让观众在瞬间记住信息。

三、视觉流程的类型

由于受各种外部因素和主观因素的影响，视觉流程在运动的过程中会产生各种运动类型。

1. 线向视觉流程

线向视觉流程是指版面借助不同方向流动线的牵引，简明直接地表现主题内容，有明快而强烈的视觉效果，是最常见、最基本的视觉流程表现形式。

（1）竖线视觉流程。竖线视觉流程在版面中引导人的视线做垂直方向的视觉流动，直观、确定、坚定、一目了然。图 2-74 利用不同长度的悬挂物体，把人们的视线引向主题。图 2-75 所示版面用线条将字体切割，引导人们的视线上下移动，以获取信息。图 2-76 所示国外海报，利用竖向的线条，将人的视线引向主题。

（2）横线视觉流程。横线视觉流程引导人们的视线左右移动，给人以平稳、稳定、恬静、条理性强的感觉。如图 2-77 所示，一条水平线横穿版面，视线

图 2-74　国外海报设计

图 2-75　许巍字体海报设计

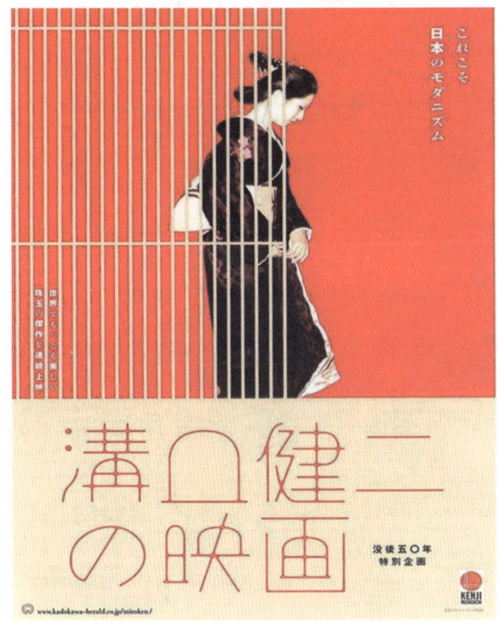

图 2-76　日本海报设计

图 2-77　英国时装品牌 HOBBS 2016 年春夏平面广告

随着水平线左右移动，信息传递明确。如图 2-78 所示，版面通过白色的水平线将人的视线引向公司名称和标志。如图 2-79 所示，人们的视线随着版面等间隔不同色彩的水平线左右移动，较好地体现了主题。

图 2-78　美的集团 VI 手册封面

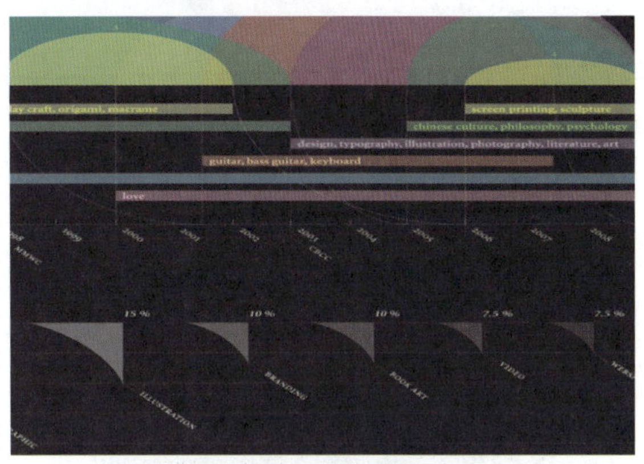

图 2-79　信息可视化设计

（3）斜线视觉流程。斜线视觉流程动态性很强，具有不安定因素，不仅可以有效地烘托主题，而且更能吸引人的视线。如图 2-80 和图 2-81 所示，其倾斜的文字和图形让版面的视觉流程清晰、明确，具有动感。

图 2-80　国外平面设计

图 2-81　平面广告　靳埭强

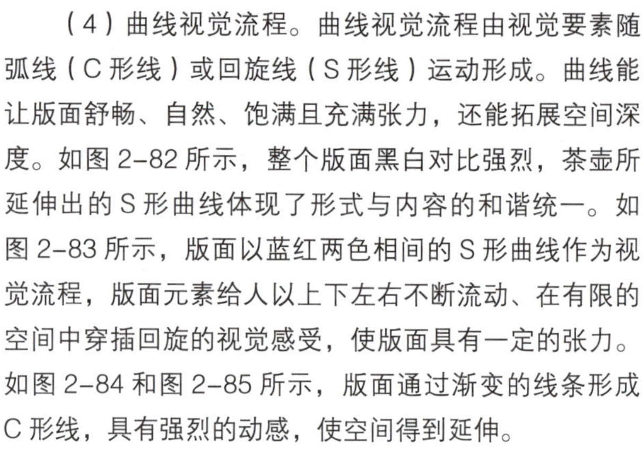

（4）曲线视觉流程。曲线视觉流程由视觉要素随弧线（C 形线）或回旋线（S 形线）运动形成。曲线能让版面舒畅、自然、饱满且充满张力，还能拓展空间深度。如图 2-82 所示，整个版面黑白对比强烈，茶壶所延伸出的 S 形曲线体现了形式与内容的和谐统一。如图 2-83 所示，版面以蓝红两色相间的 S 形曲线作为视觉流程，版面元素给人以上下左右不断流动、在有限的空间中穿插回旋的视觉感受，使版面具有一定的张力。如图 2-84 和图 2-85 所示，版面通过渐变的线条形成 C 形线，具有强烈的动感，使空间得到延伸。

2. 导向视觉流程

导向视觉流程是指通过引导元素，使读者的视线按一定的方向运动，并由大到小、由主及次地把版面各构成要素依次串联起来，组成一个整体，形成具有活力和动感的视觉流程。

图 2-82　茶道招贴设计

图 2-83　国外平面设计

图 2-84　中国元素风格的筷子画册设计（一）

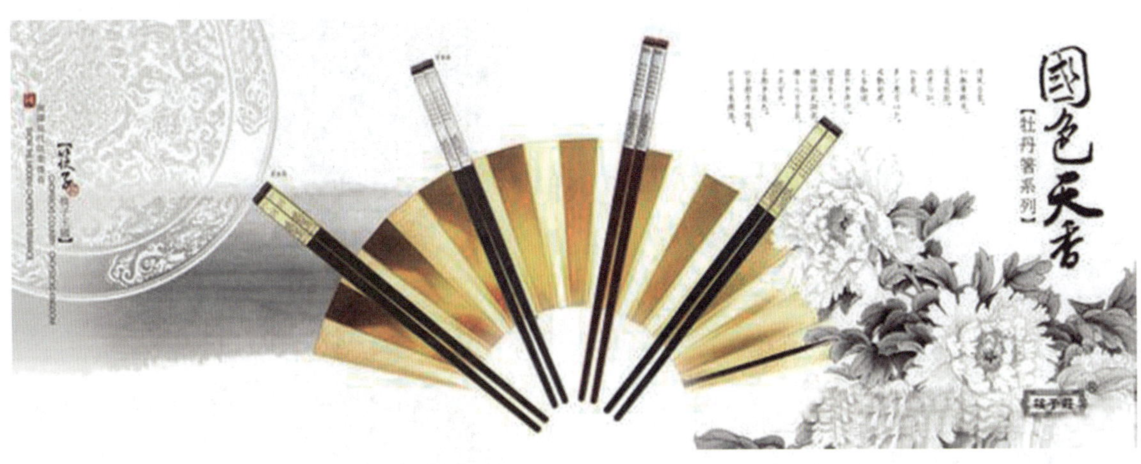

图 2-85　中国元素风格的筷子画册设计（二）

（1）文字引导。对文字进行图形化处理，通过文字在版面的穿插流动引导读者阅读。如图 2-86 和图 2-87 所示，版面由若干文字组成，主题鲜明突出，借助文字的导向形成美感。

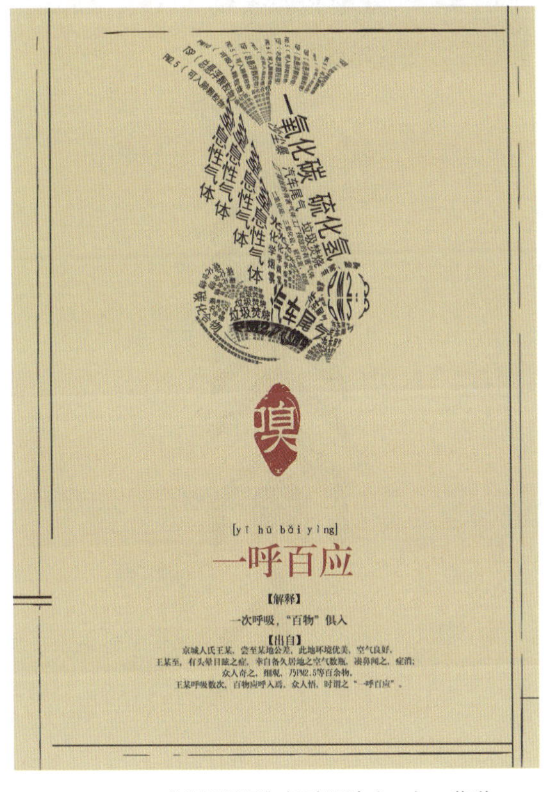

图 2-86　《世说新语》招贴设计（一）　黄琪

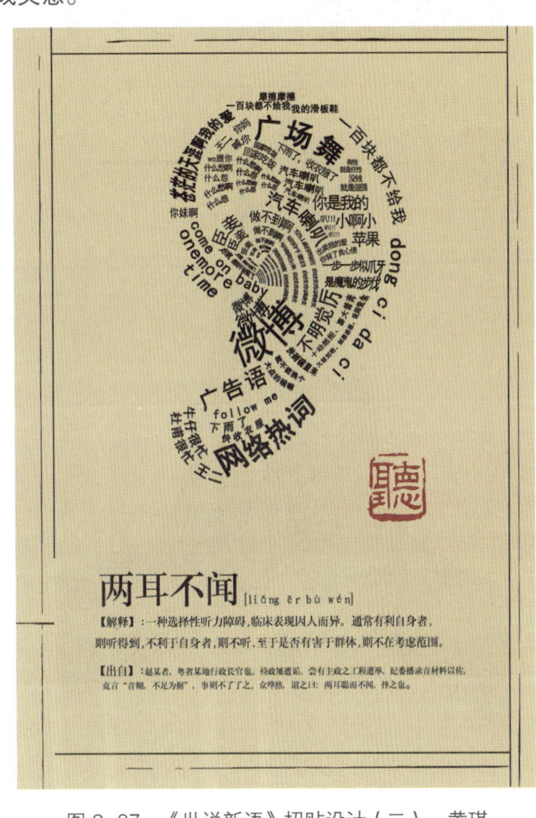

图 2-87　《世说新语》招贴设计（二）　黄琪

（2）人物动势引导。通过人物的手势或者腿所指的方向，将读者的视线引到主题。如图 2-88 和图 2-89 所示，其手所指方向正是版面的主题，视觉上感到轻松、自然。如图 2-90 所示，人物动作展现了广告的主题，令版面生动有趣。

（3）人物眼神引导。以眼神为引导元素，把人们的视线引向主题，可有效地增强版面美感，吸引读者注意力。如图 2-91 所示，人物的视线像一盏打开的灯，通过这个视线，引出主题，手法新颖，妙趣横生。

（4）箭头引导。运用箭头引导出主题，可形成强劲的视觉冲击力。如图 2-92 所示，多个大小、方向相同的箭头指向一个方向，视觉流程清晰、明确。如图 2-93 所示，版面用黄色树叶拟化为箭头的形式，效果强烈。如图 2-94 所示，版面通过箭头粗细变化，引导读者视线在版面斜向移动，简洁明快。如图 2-95 所示，版面通过四个大小不同的箭头将四个立方体连接起来，读者视线始终围绕箭头移动，版面

图 2-88　手势引导图形版式设计

图 2-91　IBM 海报

图 2-89　国外海报设计

图 2-92　澳门 TunHo 字体海报设计

图 2-90　Freddy 运动鞋平面广告设计

图 2-93　Fred Perrot 广告创意设计

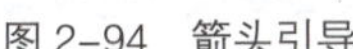
图 2-94　箭头引导

图 2-95　建筑画册

3. 反复视觉流程

反复视觉流程是指版面上由于相同或者相似元素的重复出现而产生的一种有秩序、有节奏的运动，从而使版面产生很强的节奏感和秩序感，吸引观众视线。如图 2-96 所示，版面由若干菱形组成，视觉冲击力和识别性较强。如图 2-97 所示，版面由若干圆点重复组成，形式活泼，效果强烈。

图 2-96　香樟树工作室宣传册　赵勤

图 2-97　国外版面设计

图 2-99　手机触摸屏广告

4. 渐变视觉流程

渐变视觉流程是指版面上图形（或文字）由大到小或由小到大逐渐变化，或从一种形象逐渐变成另一种形象的视觉运动，有利于版面秩序美的建立。如图 2-98 所示，版面上的毛笔向高尔夫球杆逐渐变化，与主题联系紧密。如图 2-99 所示，版面采用手机大小渐变，使空间具有纵深感。如图 2-100 所示，版面采用由蓝绿冷色到黄粉暖色的颜色渐变，主题风格突出。

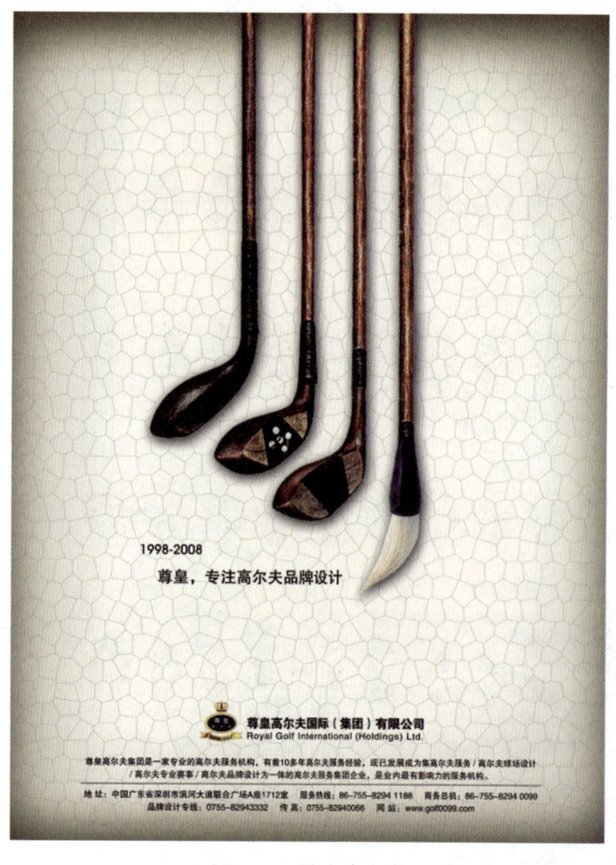

图 2-98　高尔夫广告

图 2-100　诚品书店海报设计

5. 散点视觉流程

分散处理视觉元素的编排方式可形成散点视觉流程，具有感性、自由性、随机性、偶然性的特点。如图 2-101 所示，版面中的图形和主要文字分散排列，使观者视线随各视觉元素做或上或下、或左或右的自由移动。这种视觉流程严谨、快捷、明朗，且生动有趣，给人一种轻松随意和慢节奏的感受。

版面视觉流程的设计与信息传达的效果直接相关，对视觉元素进行合理编排，用周密的结构对读者进行视觉引导，能更好地发挥设计元素的作用。

图 2-101　字体海报设计

第四节　版式设计中的形式美法则

版式设计中的形式美是指文字、图形、色彩等基本视觉元素，在一定规律下组合后所呈现出来的美的视觉样貌。版式设计中常用的形式美法则有以下几条。

一、对称与均衡

对称与均衡是版式设计常用的形式美法则之一，目的是寻求视觉心理上的静态感和稳定感。

1. 对称

对称是指以中轴线为依据形成等形等量两部分的对应关系，是等形等量的平衡。在版式设计中，对称通过简单的视觉秩序和强烈的形式感统一版面，给人以庄重、统一的感觉，使版面产生秩序、典雅的美。以中轴线为轴心的左右对称如图 2-102 至图 2-106 所示，以水平线为基础的上下对称如图 2-107 所示，二者均具有一种对应的美感。

2. 均衡

均衡是指版面上的文字和图形的面积、色彩、重量等平衡稳定，即等量不等形。均衡是视觉上的量和心理上的力的一种平衡。通过版面元素的对比和差异而形成

规律，使版面元素在大与小、上与下、左与右等方面取得心理重量的平衡，同时加入一些不对称因素巧妙地构建形式美感，能避免因整体过于统一导致的僵化，增加版面活力。如图 2-108 所示，图片在版面偏左侧，在图片上端和两边放文字，版面获得了心理上的量的均衡。如图 2-109 所示，版面利用元素的位置和距离取得平衡效果，显得生动而富有变化。

图 2-102　后现代艺术大师 Jason Dowd 绘画作品

图 2-104　ENJOY 插图版面

图 2-105　RAMADAN KAREEM
斋月吉祥宣传海报

图 2-106　开斋节的宣传海报

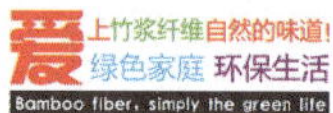

图 2-107　毛巾画册　石维超

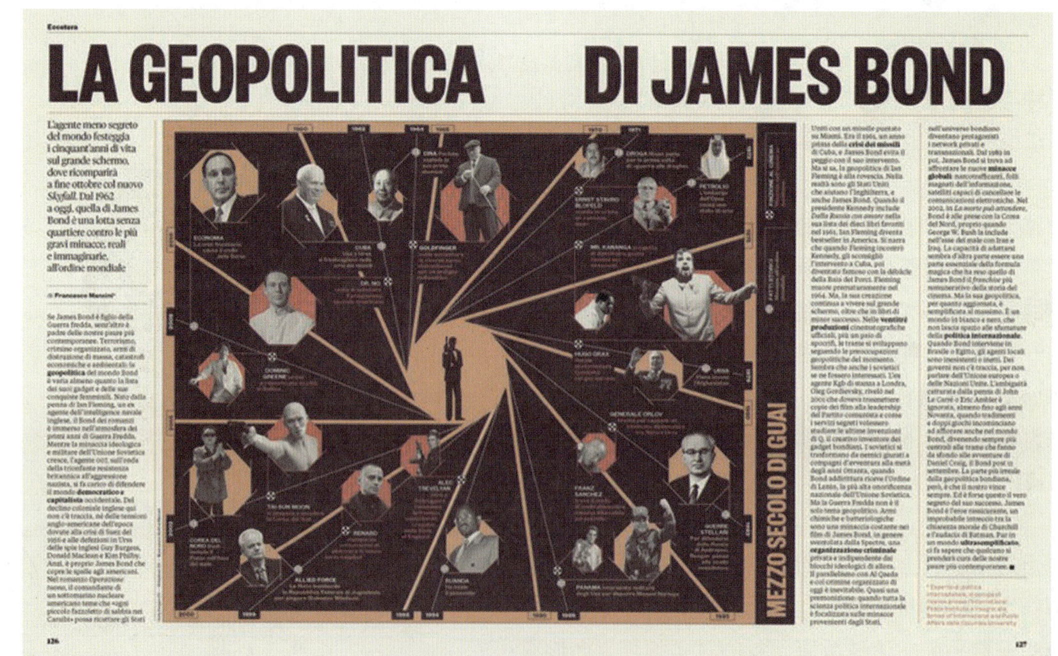

Eccetera

LA GEOPOLITICA DI JAMES BOND

L'agente meno segreto del mondo festeggia i cinquant'anni di vita sul grande schermo, dove ricomparirà a fine ottobre col nuovo *Skyfall*. Dal 1962 a oggi, quella di James Bond è una lotta senza quartiere contro le più gravi minacce, reali e immaginarie, all'ordine mondiale

MEZZO SECOLO DI GUAI

126

127

图 2-108　国外报纸版面

图 2-109　第十届全国美术作品展入选作品《互动》　马玉山

图 2-110　国外广告

在版式设计中，要注意把对称、均衡两种形式有机地结合起来灵活运用，如版面整体可用均衡式，局部栏目标题等可用对称式。

二、对比与调和

1. 对比

对比就是把反差很大的两个视觉要素合理地搭配在一起，在呈现出鲜明、强烈效果的同时仍具有统一感的现象。对比能使版面主题更加鲜明，视觉效果更加活泼，传达的信息更加生动。

对比关系主要通过视觉元素以下方面的对立来体现：

（1）色调的明暗、冷暖，色彩的饱和与不饱和。

（2）形状的大小、粗细、长短、曲直、高矮、凹凸、宽窄。

（3）方向的垂直、水平、倾斜。

（4）数量的多少、排列的疏密。

（5）位置的上下、左右、高低、远近

如图 2-110 所示，版面中人物大小、位置高低的对比，起到了烘托主题的作用。如图 2-111 所示，版面中有彩色和无彩色的对比、物体形状和宽窄的对比，起到了烘托主题的作用。

图 2-111　La Tortilleria 时尚杂志设计

2. 调和

在版式设计中，假如只有对比而缺少调和，版面就会缺少秩序感和安定感。调和首先是指版面中占主体地位的某种视觉元素统领整体，使对比性元素居于从属地位，即版面的整体感与风格一致，各个元素在版面结构上互相呼应，形成视觉上的统一；其次是指在形成对比的元素中寻找“妥协”点，使二者的矛盾冲突得到缓和，获得新的平衡，取得调和效果。如图 2-112 所示版面通过色彩的呼应，使红色、灰色、白色产生调和，达到和

图 2–112　OneShow 金铅笔设计获奖作品

对比能形成版面的视觉层次和视觉中心，这种对比形成的反差突出了版面的主体和主题，但如果版面过于强调对比关系而缺少调和，会导致版面混乱，缺少秩序感和安全感。为了使版面整体协调，可采用同类造型元素，如用类似色统一版面，版面周围采用相似的元素等，使版面具有整体感。一般来说，在实际的版式设计过程中，版面局部多用对比手法，而在整体版面中则强调调和。

三、虚实与留白

1. 虚实

在版式设计中，重要的版面元素表现为“实”，次要的版面元素表现为“虚”；版面元素密集的部分表现为“实”，版面元素稀疏的部分表现为“虚”。虚实具有相互作用的特征，在版式设计中，表现“实”空间的同时也应间接营造“虚”空间，尽管视觉强度较弱，但“虚”空间往往是版面中相当重要的部分。疏密实际上是一种版面秩序，是形成版面视觉中心的重要手法，密集的局部往往是版面视觉最重要的部分，而次要的信息往往处于版面稀疏部分。如图 2–113 所示，其版面左满右空，形成了一实一虚的独特的版面空间关系。形成对比的美必须有疏有密，疏可走马，密不透风，由此形成虚实的节奏感。虚应有层次感，要将实的东西虚化，使其能与整体合拍。只有虚实结合，才能使设计作品意境深远，趣味无穷。

图 2–113　国外海报

2. 留白

留白的白是指版面中没有放置任何图文的空间，是虚的特殊表现。在版式设计中，留白也能传达信息，和文字、图片有同样的作用。合理的留白能打破死板呆滞的常规惯例，为版面增添情趣、深化意境，使版面具有特殊的视觉冲击力，给读者营造一个有序、合理、舒适的阅读空间。巧妙的布白是对读者阅读的一种导引，留白的空间与版式设计中的文字图形能形成虚实结合的效果，使版面具有节奏感，形成视觉的美感，空白却不空洞，做到“此时无声胜有声”。处理留白对于“度”的把握很重要，“度”的衡量标准就是看其是否使版面产生了清晰的条理，是否有利于读者阅读。因此，在设计版面时不能一味地追求文字或图片占有的“实”空间，而忽略版式设计的最终目的，要有目的、适当地留白。应通过合理留白，使版面主次分明、主题突出，让读者在一个轻松愉快的视觉空间中接收信息，从而最大程度地发挥版式设计的作用及价值。如图 2–114 至图 2–116 所示系列广告非常注重虚与实的布置，其适当的留白和虚实结合处理，使版面层次分明、整洁清晰，让观众印象深刻。

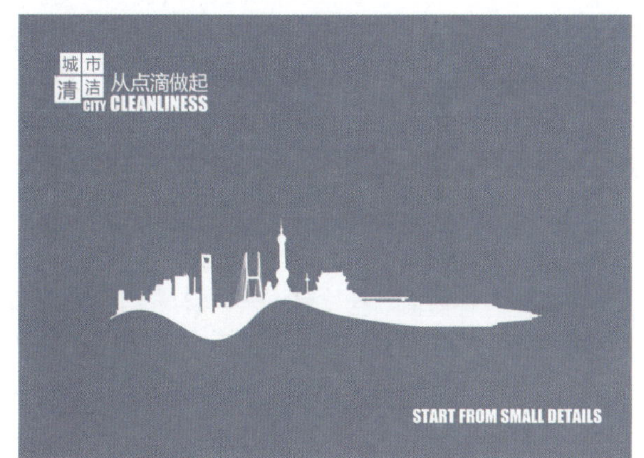

图 2-114　系列广告　《城市清洁从点滴做起——钢笔篇》　杜一舟

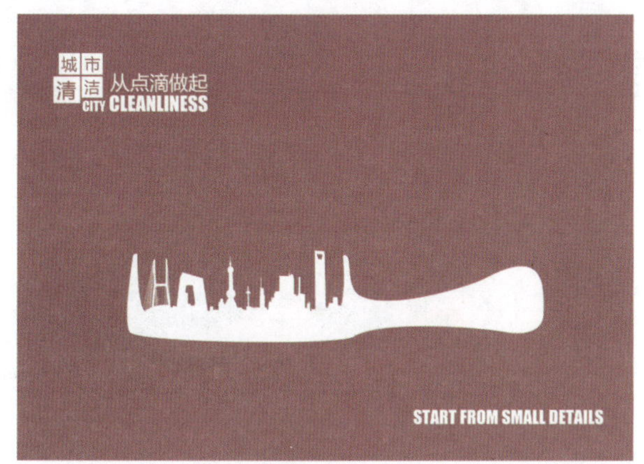

图 2-115　系列广告《城市清洁从点滴做起——梳子篇》　杜一舟

图 2-116　系列广告《城市清洁从点滴做起——刷子篇》　杜一舟

四、动感与静感

在版式设计中，动静是相互依存的统一体，动可以显示活泼，但也容易感觉杂乱；静可以造就稳定，但也容易感觉呆板，因此要注意各自分寸的掌握和两者的协调。

版面的动静，首先与版面素材的水平与倾斜、曲直有关。一般来说，以水平线为主的标题、图形、文字块多就会相对显得平静；反之，倾斜的元素多就会动感强

上的文字和图形全部由曲线构成，动感强烈，较好地体现了作品的主题。直线构成的版面视觉效果稳定，如图 2-118 所示，版面上的文字和色块全部由直线构成，给人一种平和安静的感觉。图 2-119 所示的版面文字采用斜向排列，具有运动感。图 2-120 所示的版面文字呈水平排列，视觉效果非常安静。在设计版面时，应尽可能将文字和图形穿插安排，静中有动，动静结合，做到活泼而不凌乱，稳重而不呆板。一般情况下，视觉冲击力强的呈动态，相对弱的呈静态，如粗线动，细线静；黑色块动，灰色块静等。通常应根据版面内容的需要，决定采用动感形式或静感形式。如文化生活版面宜选动感形式，财经类版面宜选静感形式。在确定了某一版面采用动感形式或静感形式后，还应设计相应的对比因素。如某一版面基调是静感的，应设一两处动感元素做对比。只有静中有动、动中有静，动静结合，才能获得和谐的版面效果。

图 2-117　国外版式设计

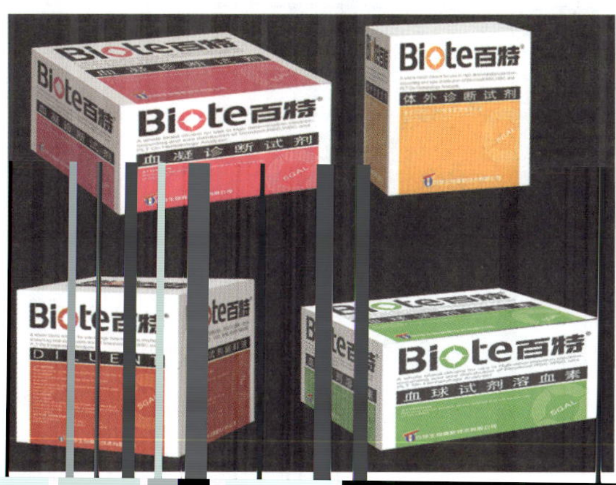

图 2-119　字体海报设计

图 2-120　台湾杂志《汉声》封面设计

五、节奏与韵律

1. 节奏

节奏是周期性、规律性的运动形式，在版式设计中是指构成元素的大小、多少、强弱、轻重、虚实、曲直、长短、快慢等有秩序的变化。如图 2-121 所示，利用运动鞋的组合、色彩的冷暖体现了节奏美。在版式设计中，应充分考虑人的心理和生理因素，以直观角度传播视觉信息，引导人们视线的移动方向，营造版面氛围，增强对受众的吸引力，以视线的有序移动形成版面的节奏美。如图 2-122 所示，圆点的大小渐变、色彩的冷暖变化，使版面产生了轻、重、缓、急的节奏。在版式设计中，通过线条的起伏、色彩的强弱、图形的大小、文字的疏密等有规律的变化，可使版面形成一种流动感，给人以美的享受。

图 2-121　运动鞋广告

图 2-122　可口可乐广告

2. 韵律

韵律在版式设计中是指构成要素和单位呈现有规律的反复或周期反复，能给人带来情趣，满足人的精神享受。如图 2-123 和图 2-124 所示，广告版面采用同一圆形符号，逐步渐变到主题，形成了一种优美的韵律。版面中的韵律是由各视觉元素的方向、大小、聚散、位置及主次等关系通过不同的视觉张力来实现视线流动而产生的。视线流动越明显、越具有延续性，其作品的韵律感越强；反之，其作品的韵律感越弱。

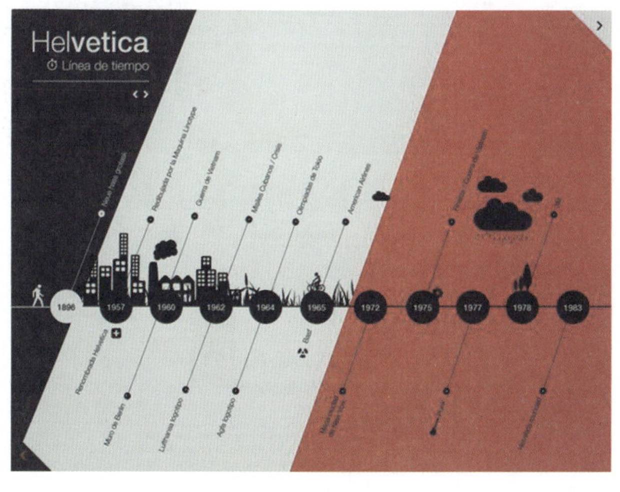

图 2-123　国外广告（一）

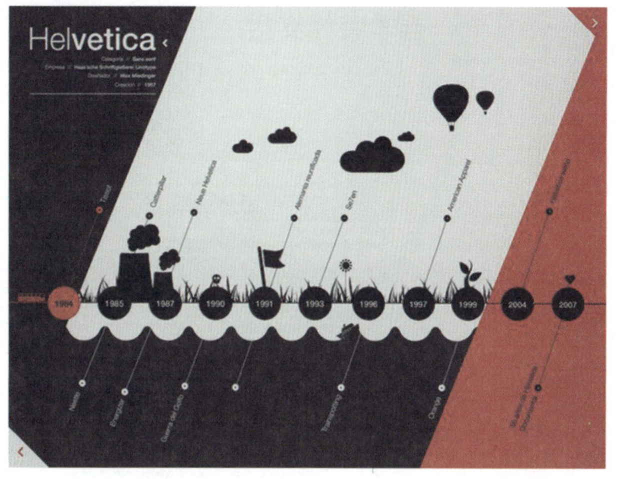

图 2-124　国外广告（二）

第五节　版式设计的格调

版式设计的格调即版式设计品位。一件版式设计作品，首先要给人一种视觉上的愉悦感，然后让观者在享受美感的同时，接收版面想要传达的信息。优秀的版式设计能通过简洁的版面形式表现丰富的内容和具有条理性的秩序美；设计者必须把握设计作品自身的风格以及作品受众的品位与特征，这样才能有针对性，形成版式设计的格调。

一、实用性格调

实用性格调是以应用性、功效性为主的格调，以报纸、商业类杂志为典型代表。实用性格调的版面不强调视觉效果，适用于仔细阅读或进行比较，实用性格调有以下特点：

（1）版面结构多采用分栏排列。通栏为最常用版面（多用于 32 开书籍），如图 2-125 所示。对于 16 开、8 开以上等面积大、字数多的版面可采用双栏（图 2-126）、三栏（图 2-127）或四栏（图 2-128）等，栏和栏之间可用空白或栏线间隔，分栏排列的版面条理性强、较严谨，并且适合安排大量的信息。

木的呼吸

Breath Growing in the air

在空气中成长

木的情感

Passions: Print of the ring 年轮的印记

木经历了风雨的洗礼，在雷电中成长，岁月的变迁，都牵动木的情感，在木心中留下印记，这些印记就是年轮的颜色……年轮的形成与地层形成层的活动状况有关，由于一年中气候条件不同，形成层中不同年代的尘埃从年轮中反映出来。年轮的形成与尘埃的年代有时间差，大气中的尘埃降落到土壤中，再被树根吸收，通过树中水份再输送到树干去，积于某一年轮中，大约需要10年左右。例如第100年的年轮中沉积的尘埃，却是110年前降落的。年轮的颜色就这样记载着树于尘埃之间10年的入骨爱恋。

Wood experiences the flow of time and change of seasons. Wood is highly compassionate with the change of seasons and the pass of the time that are printed in the heart of wood. That print is the growth ring…. The forming of the growth ring is highly related to activities of the cambium. Dust of different age is reflected by the growth ring as a result of climatic change. However, there is a time difference between forming of growth ring and the age of dust. Dust in the air felt down to the soil and then is absorbed by the root and conveyed to trunks through water. It takes the dust about 10 years to accumulate in a particular growth ring. For example, dust accumulated in the growth ring of the 100th year is the dust felt down in the 110th years ago. Color of the growth ring records the profound 10 years love between the tree and dust.

春季装修支招：

chun ji zhuang xiu zhi zhao

家居装修详细流程说明

jia ju zhuang xiu xiang xi liu cheng shuo ming

每个人对家的理解都有不同，怎样才能用有限的资金装修出最完美的家？在家居装修中，很多业主关心的就是装修费用的问题，所以在装修前，一定要规划好，只有好的规划才能降低造价。在此，小编特意为你综合这个春天的家装资讯，让你打扮出最美丽的爱家！

家装咨询

客户向设计师咨询家装设计风格、费用、周期等。

(1)洽谈

用户请装修公司装修，要把自己的要求告诉公司。

用户提出的要求最好事先经全家人详细讨论过，尽量一次性告诉装修公司。

装修公司会仔细聆听用户的意见，并作记录，如果事后装修公司发觉有不清楚的地方，会与用户联络直到完全明了为止。

(2)设计

装修公司收到用户的平面图之后，会由设计师亲自到现场度量及观察现场环境，研究用户的要求是否可行，并且获取现场设计灵感，初步选出一些材料样品介绍给用户，如果用户表示同意，设计师会进一步提供详细的工程图和逐项分列的报价单，这时用户要向装修公司提供准备采用的家具、设备资料，以便配合设计。

装修公司最后提供的图纸和报价单，应表达清楚每个部位的尺寸，做法，用料(包括品牌、型号)，价钱，例如，不能用笼统一句“厨房组合柜一套”来概括详细项目；如果有些组合柜是由许多小组合柜组成的，用户应清楚这些小组合柜的型号、尺寸、相关配件等内容。

用户收到工程图和报价单后，一定要仔细阅读，查看您所要求的装修项目，装修公司是否已全部提供，有没有漏掉项目，往往许多用户，关心的只是最后一个总报价，假若这总报价并不包括用户需要的项目，那您将会受到经济损失。

如果你不清楚这件家具做好后是什么样子，可要求装修公司提供该件家具的立体图，不明折要问，不合适要改，直到认为满意为止，由洽谈到设计完成，中小型住宅的设计时间通常需2至4周。

现场量房

由设计师到客户拟装修的居室进行现场勘测，并进行综合的考察，以便更加科学、合理地进行家装设计。

(1)定量测量：主要测量室内的长、宽，计算出每个用途不同的房间的面积。

(2)定位测量：主要标明门、窗、暖气罩的位置(窗户要标量数量)

(3)高度测量：主要测量各房间的高度。

在测量后，按照比例绘制出室内各房间平面图，平面图中标明房间长、宽并详细注明门、窗、暖气罩的位置，同时标明新增设的家具的摆放位置。

预算评估

根据客户选择的设计风格，设计师进行家装设计，并有客户反馈，最终确定设计方案、图纸及相关预算。

包工包料是指将购买装饰材料的工作委托给装饰公司，由装饰公司统一报出材料费和工费。而包清工，是指用户自己来买材料，由工人来施工，工费付给装饰公司，许多用户担心采用包工包料这种形式，会给装饰公司提供以次充好，虚报冒领的机会，所以愿采用“包清工”的形式，自己去购买装饰材料，其实包清工这种做法存在着不少弊端。

(1)装修一般需30至40天，用户自己购买材料，要搭上很大的精力和很多时间，如果购买装饰材料不及时，容易延误工期。

(2)用户自己购买装饰材料，材料的质量不好保证，因为最贵的并不是最好的；客户往往对如何挑选装饰材料一知半解，对材料的质地、用途了解甚少，容易买质次价高的材料。

(3)用户购买自家的材料，因为数量少，往往不是批发价格。

(4)一旦工程质量出现问题，不易分清是工艺质量问题，还是材料质量问题。

(5)用户自己买材料，极易造成浪费，因为您不懂计算用量，一般都是工人让买多少就买多少。

(6)用户自己要雇车来运料，往往一止一次，不仅运费高，而且车的利用率较低

(7)材料剩下后，自己没法处理，造成一定浪费。

既然“包清工”有这么多弊端，为什么还有不少用户愿意自己购买装饰材料呢？因为这些消费者往往对装饰公司缺乏应有的信任，认为装饰公司购买装饰材料会用劣质材料来蒙骗自己，所以宁愿自己跑腿去买材料，这样做不仅省不了多少钱，而且还会费力不讨好，给施工留下不少隐患。

包工包料是装饰公司采用的比较普遍的做法，这种做法可以省去客户很多麻烦，正规的装饰公司透明度很高，施工采用的各种材料的质地、规格、等级、价格、收费、工艺都会给您一一列举清楚。

另外，装饰公司常与材料供应商打交道，都有自己固定的供货渠道、相应的检验手段，因此很少买到假冒伪劣的材料，供料商很清楚，在目前买方市场的形势下，能保住一个固定的大客户是相当不容易的，稍有不慎就会失掉一个客户，装饰公司对于常用材料都会大批购买，能拿到很低的价格。

图 2-126　家具杂志版面

图 2-127　金林半岛画册

水是有年龄的吗

选择富有阅历、富有深度的水。

生命长河 水流知多少

药补不如食补 食补不如水补

水从何处来 又往何处去

是健康之举 还是健康的误区

FUNCTIONALITY PARAMOUNTCY
THE MOST FRESH AND SMOOTH WATER
BUT ALSO CAN EXTRACT

ADDING, CONVERTING AND SELECTING TEXT

SHIFTING AND ROTATING CHARACTERS

MANAGING PARAGRAPH TEXT FRAMES

USING THE AUTOMATIC SPELLCHECKER

H_2O

图 2-128　化妆品画册

（2）版面信息量较大，几乎不留空白。如图 2–129 所示，其版面结构严谨，有效利用了空间。

图 2–129　国外报纸版面

（3）版面以文字为主，图片篇幅少于文字，说明性强；多体现对比、统一、平衡、节奏等，设计时要处理好内容主次与布局、图与背景、群组与间距、空白等关系，如图 2–130 所示。

（4）标题文字所占面积大，风格稳重。实用性格调的版面内容充实，适用于商业杂志，能获得读者信赖，如图 2–131 所示。

图 2–130　西南民族大学艺术学院简介

图 2–131　国外报纸版面

二、趣味性格调

版式设计的趣味性格调可通过寓意、幽默、抒情等手法获得。趣味性格调以开放、轻松的气氛为主，给人一

维纳斯形象作了处理，文字采用斜向排列，疏密有致，颇有趣味；如图 2–133 所示，其版面中的字母构成了女人的裙子，增强了版面的趣味性；如图 2–134 所示以文字构成人脸的形象，增强了版面的活力感。

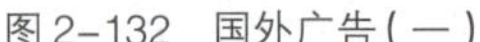

图 2–132　国外广告（一）

图 2–133　国外广告（二）

图 2–134　国外广告（三）

趣味性格调有以下特点：

（1）版面结构突破常规限制，自由、随意。如图 2–135 所示，其版面以三个不同表情的图形为主体，人物表情的动势构成视觉流程向右延伸，体现鲜明的个性。

图 2–135　国外报纸版面

（2）信息量集中，而且作品中的信息传达多依靠图片，如图 2-136 和图 2-137 所示。

图 2-136　国外广告（一）

图 2-137　国外广告（二）

（3）图文表现夸张，版面充满活力。趣味性格调更多地面向年轻群体，以吸引年轻人阅读。如图 2-138 所示，其图片作了夸张处理并呈对比排列，使版面极具动感，同

图 2-138　国外报纸版面

三、整体性格调

在设计版式时，可将若干表面分散而单一的图文，用一定的艺术手法有机地组合起来，在配置图片、版面内线条、色彩和空白时，从整体出发，形成整体性格调。

整体性格调有以下特点：

（1）版面主色调统一，从图像中取近似色来建立整个版面的统一色调。版面的整体色彩倾向应根据版面的定位、风格以及作品所要表达的情感确定其主色调。主色调的色彩在版面颜色中应占主要面积，还应配上相邻色系的颜色，给人以和谐统一的感受。如图 2-139 所示，版面采用黄色作为主调，加强了版面的整体性。

（2）强调版面边线。以有利于统一格调的色彩、色块或色线作为装饰，可以强调情感色彩，营造主题气氛。如图 2-140 所示，其版面通过两条渐变的蓝色曲线，将左右版面连接起来。如图 2-141 所示，其版面用一条红色的曲线将三个面连接起来，既强调了整体性，又使版面空间得到了延伸。

（3）将统一识别图形或文字做跨页设计，是获得版面统一和整体性识别的因素。如图 2-142 所示，其版面通过将标题文字做跨页排列，将左右版面连接起来，

图 2-139 《编排 排版》 封面

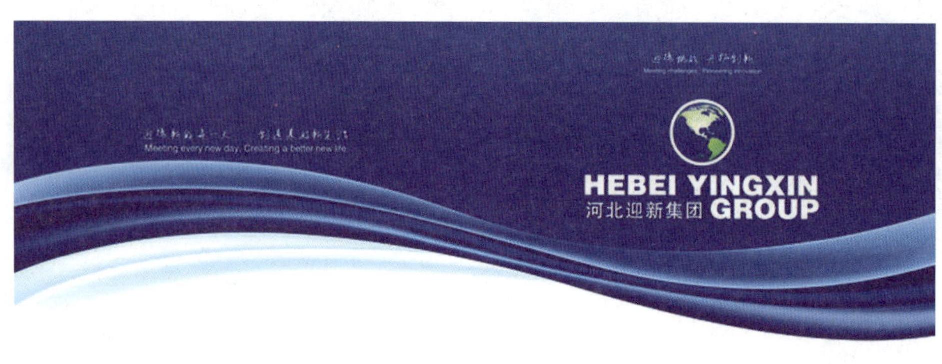

图 2-140 迎新集团画册

图 2-141 中国电信宣传册

图 2-142　金林半岛画册内页

图 2-143　“娘家粽”包装（展开图）

（4）以形象的重复出现来实现版面的整体性。如图 2-143 所示，其版面左右两边采用相似的图片，形成呼应，实现了版面的整体感和协调感。

上述三种格调的版式设计是综合使用的，它们之间并无高低、优劣之分，要灵活运用各种版式设计形式，充分发挥其优势。随着计算机技术的发展与普及，更多更新的设计风格将为版式设计带来新的可能。

本章小结

本章介绍了版式设计的基本构成要素、空间关系、视觉流程和形式美法则等，分析了版式设计的格调。在版式设计中，要合理安排视觉元素，设计出逻辑清晰、层次丰富的版面，达到既符合设计意图，又兼顾受众的视觉流程规律的效果。

思考与练习

1. 用点、线、面进行版面空间构成练习。
2. 运用各种不同的肌理做肌理对比练习。
3. 运用文字与图形进行线向视觉流程的练习。
4. 运用文字与图形进行导向视觉流程的练习。
5. 收集艺术类、科技类、建筑楼盘类等不同主题的画册，分析其版式设计风格。

第三章

版式设计的视觉语言

本章知识点

不同字体的风格特征；文字的编排形式及其特点；图形的分类及其在版面中的组合方式；确定主色调的方法；色彩的调和方法。

学习目标

了解文字、图形、色彩的编排特点及其在版式设计中的重要性；理解文字、图形、色彩三要素之间整体与局部的构成关系；掌握文字、图形、色彩的编排原理与方法，能够灵活运用文字、图形、色彩的编排原理与方法进行版式设计。

文字、图形、色彩是版式设计中最基本的视觉语言，三者的编排与设计会直接影响版面的最终效果。只有合理地运用版式设计编排的原理与方法，才能有效地传达版面中所承载的信息。

第一节　文字

文字是人类沟通的重要媒介。在各种视觉媒体中，文字都是必不可少的构成要素，其编排的效果，会直接影响版面的视觉效果。在版式设计中，文字编排是利用形式美法则将文字要素按照内容需要和审美规律进行组织、规划、编排的一种设计方法。与图形、色彩相比，文字作为版面中的视觉表现要素之一，有着独特的传播力。经过编排处理后的文字不仅具有传播信息的基本功能，还会影响版面的美观。随着时代的发展，版式设计的应用形式、传播媒介、使用价值、服务对象等有了更多层次的拓展，文字的编排设计也相应具有了更多新的应用价值与审美价值。

一、字体、字号、字距与行距

1. 字体

字体是指文字的风格和款式。字体的设计、选用是版式设计的基础。在一个版面中，不同的字体有不同的造型特点和性格特征。对于不同的设计内容，应选择不同的字体，这样有助于版面信息的传递。设计者也可以通过字体来充分地表现各种情感。另外，在搭配不同字体时要注意：不同字体的风格和特点要有一定的包容性，既要相互区别，又要相互协调。

（1）印刷字体。随着印刷技术的不断发展，新的印刷字体不断推出，虽然印刷字体不像设计字体那样个性张扬，但依然具有鲜明的视觉特征。设计者在进行版面编排设计时，要能够准确而灵活地运用合适的字体，有效地传递信息，表现主题。

①中文印刷字体。我国汉字常见的印刷字体大体可以分为传统字体（隶书、行书、楷书、魏碑体等）、过渡字体（宋体）、现代字体（黑体）等（图 3-1）。从各类字体本身的特点来看，宋体具有较为传统、中正的特性和较好的识别性，给人以典雅、大方、古朴之感，适合表现传统的内容或应用于大量的段落性文字说明；黑体是最大众化的字体，简洁大方，笔画横竖粗细一致，具有多重适应性，广泛应用于现代设计中，后来在其基础上衍生出了现代感极强的超黑体、综艺体等，常用于标题等较大文字或主要信息文字；圆体字型饱满、圆润，结构严谨，富有亲和力和现代感，适合表现儿童用品、休闲食品等方面的内容。另外，极具韵味的隶书、行书、楷书、魏碑体等，适宜表现涉及传统文化内容的版面，因其可识别性较弱，不宜用于段落性阅读文字。

宋体　隶书
黑体　行书
圆体　楷书
综艺体　魏碑体

②英文印刷字体。英文包括 26 个字母，多以字母组合的形式出现，作为一种国际通用的语言文字形式，其发展也同样有着悠久的历史。随着数字化时代的到来，英文字体的种类越来越多，多样化的字体造型给设计带来了更多选择（图 3-2）。另外，由于英文字体在造型上与中文字体有着很大的差别，因此，在中英文对照的版式设计中，尤其要注意所选用的中、英文字体风格的匹配。从常用字体的造型特征来看，罗马体笔画横细竖粗，顶端和字脚处有装饰线，美观和谐，识别性较强，与中文中的宋体字特征相似，既可用于标题文字，也可用于段落性文字；无饰线体又称线体，字形方正，无字脚饰线，笔画横竖等宽，简洁明快，端庄大方，与中文中的黑体特征相似，一般用于标题和一些需要识别性大于可读性的内容；哥特体字体简洁，没有罗马体的装饰性笔触，所有弧线都变成带尖角的直线，直线平行，行距小，适于书写文章，主要用于证书、请柬、报纸等的标题。另外，手写体笔画为曲线，多带倾斜笔势，同中国的书法字体一样，是一种具有艺术气质的字体，常用于日用化妆品、女性用品等内容。

罗马体
Times New Roman
无饰线体
Arial
手写体
pristina
Rage Italic
哥特体
Caslonish Fraxx

图 3-2　英文印刷字体

（2）品牌字体与设计字体。随着社会的发展和进步，各企业品牌形象之间的差异日益增大。品牌字体作为品牌形象识别设计的重要元素，在品牌设计与推广中起着重要作用。虽然计算机字库中的中英文字体已多达上千种，却并不能满足塑造各类品牌特征、充分体现各品牌差异的要求。为了更好地体现企业品牌中特有的文化价值，品牌字体应具有独创性。常见的品牌字体多以字体标志等形式出现，具有造型简练、内涵丰富、

还能塑造品牌的气质（图 3-3）。另外，除了品牌字体，在一些招贴、包装或其他版面中也经常能看到一些富有个性的设计字体，它们主要用于一些广告语或标题。这些设计字体醒目而富有个性，往往成为版面的焦点，在进行信息传达的同时能有效地吸引观者的注意（图 3-4）。

水之湄日化有限公司
Riverside Daily Chemical Co., Ltd.

图 3-3　标志设计　张丹婧

图 3-4　包装设计　张丹婧

（3）字体的选择与应用。应根据设计主题和内容来确定字体，并注意以下几个方面：首先，版面中的字体应统一于整体风格中；其次，在同一版面中使用的字体种类不宜过多，否则会导致版面杂乱无章，一般可选择 2 ~ 4 种字体，这样可获得较好的视觉效果；再次，装饰性字体一般用于标题，不宜用于正文或文字较多的内容；最后，在版面中同时使用中文和英文字体时，应注意二者风格的统一以及不同字体的字号差别，做到表达有序、主次分明（图 3-5 和图 3-6）。

图 3-5　招贴设计　张丹婧

图 3-6　网页设计

2. 字号

字号是表示字体大小的专业术语，有号数制、点数制和级数制等区分方法。计算机排版最常用的是点数制。点数是目前世界常用的计算字号的方法，“点”又称“磅”（P），每 1 点等于 0.35mm。现代版式设计中，正文一般用 9 ~ 12 点，文字多时可用 5 ~ 7 点；标题字一般用 14 点以上（含 14 点）。字号越小，版面的整体感越强，但低于 5 点时，由于字号过小，会影响阅读。

3. 字距与行距

字距是字与字的间距，行距是字行与字行的间距。恰当的字距与行距可以使版面具有强烈的韵律感和视觉秩序，让人在阅读时只产生一个视觉焦点，形成线性视觉流程，从而形成视觉顺序。一般情况下，字距与行距的比例应为10 ： 12，即用字 10 点，则行距设为 12 点。这样可以做到方便阅读，给读者以良好的阅读氛围。如果字距或行距过窄，文字之间没有空白间隔，就会互相干扰，阅读者目光不能有序地逐行扫描，造成阅读困难，眼睛疲劳。而行距过宽，间隔过大，阅读时会失去较好的延续性。当然，字距与行距的比例也不是绝对的，应该根据实际情况而定。在一些特殊的版面中，为了加强版面的装饰性，也可以加宽或紧缩、提升或降低字距与行距，以进一步体现主题的内涵（图 3–7）。例如，在表现娱乐性、抒情性的内容时，加宽行距可以体现版面轻松、舒展的情绪。另外，宽、窄行距并存，也可增强版面的空间层次感与动感。

图 3–7　字距与行距的处理

二、文字的编排

文字的编排不仅要注意版面的形式美感，还应考虑作品的主题思想。由于版面中的文字编排设计会直接影响最终的视觉效果，合理的文字编排设计可使整体设计风格与主题内容等具有协调性、一致性。在进行文字编排时，要注意人们的阅读习惯与视觉流程，在增强文字视觉传达功能的同时赋予其审美情感，引发读者的阅读兴趣。

1. 文字编排的基本形式

（1）左右两端对齐。左右两端对齐是最整齐的编排方式，文字从左端到右端的长度均齐，可形成整齐划一、清晰有序的文字群体，端正、严谨、美观，但不足之处是缺乏动感，一般用于段落性文字的排版设计（图 3–8）。

图 3–8　画册设计

（2）左对齐或右对齐。左对齐是最接近阅读习惯的排列方式。阅读者可以沿着左边垂直的轴线方便地找到每行的开头，按照从左至右的阅读习惯进行阅读。相比而言，右对齐虽然不太符合人们阅读的习惯，却可给人带来新的视觉体验，这种排列方式，适合于文字行数较少的情况，否则会影响阅读效果（图 3–9）。

（3）中心对齐。中心对齐即以中心为轴线，两端字距相等，多用于居中对称式的版面。这种对齐方式可使中心内容更突出，使视线更集中，给人以庄重、传统、优雅的感觉（图 3–10）。

（4）文字绕图。将文字围绕版面中图形的外轮廓进行编排，可使图形与文字相互衬托、相互融合，有机地结合在一起。这种方式给人以亲切、自然、生动之感，是杂志或书籍版式设计等常用的编排形式（图 3–11）。

图 3-9　画册设计　岳洋

图 3-10　国外招贴设计

图 3-11　杂志封面

（5）横排、竖排。汉字编排顺序有两种，即横排或竖排。横排是目前多数书籍采用的编排方式，这种排列方式比较符合现代人的阅读习惯。从视觉生理特点上看，横排比竖排更易于阅读，便于快速、准确地接收信息。竖排是汉字的传统书写方式，在版面中使用这种编排方式更能彰显我国传统风格，营造传统文化的氛围。另外，竖排可以打破常规阅读方式，吸引读者的视线，多用于标题或广告语等（图 3-12），还可将其灵活地运用在具有现代感的设计作品中，使版面产生理性感、秩序感的视觉效果（图 3-13）。与中文不同，英文的竖排是将横排的文字直接做 90° 顺时针旋转排列，但竖排在英文中使用较少，因为这种编排方式不是英文的常规书写方式，也不符合人们的阅读习惯，应用竖排只是出于版式设计的某种特殊需要。

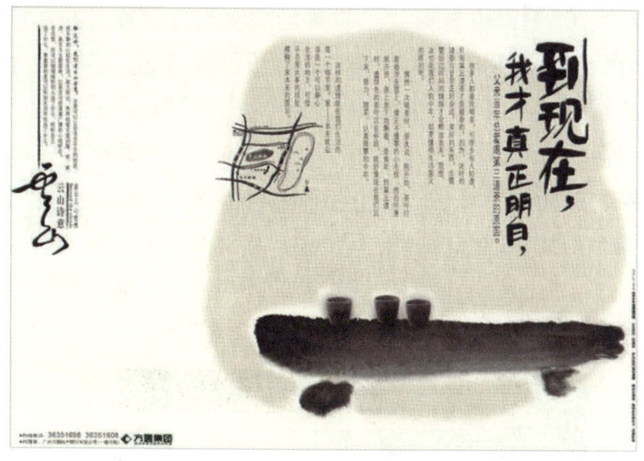

图 3-12　竖排方式

图 3-13　国外招贴设计

图 3-14　平面广告设计　岳洋

图 3-15　文字的多向排列

2. 动态化的文字编排形式

除了一些基本的文字编排形式外，还可以借助版面中的点、线、面等基本构成要素来增强视觉效果，使版面具有动感。

（1）线性排列。可将文字排列成线，主要包括直线排列和曲线排列。直线排列多采用水平线式、垂直线式、斜线式和折线式。曲线排列多采用波浪线式、弧线式和自由曲线式。将文字整体或局部进行非平行式的排列，可打破文字的常规阅读方式，使版面产生强烈的方向感、节奏感，适用于标题和主题性文字的处理，能增强对主题的表现（图 3-14）。

（2）多向排列。针对文字的大小、粗细、疏密等关系，对文字进行多个方向的排列组合，可在版面中形成动势，产生时尚、活泼的效果（图 3-15）。

（3）图形化排列。将文字排列成一个面或群组作为一个形象，是一种匠心独运的编排方式，能使版面妙趣横生，获得良好的视觉冲击力，同时也能使形式与内容达到高度统一。但并非所有版面中的文字都可做图形化处理，其多适宜于版面上文字较多的情况。运用图形化的编排形式时，要注意版面的空间大小和构图的位置（图 3-16）。

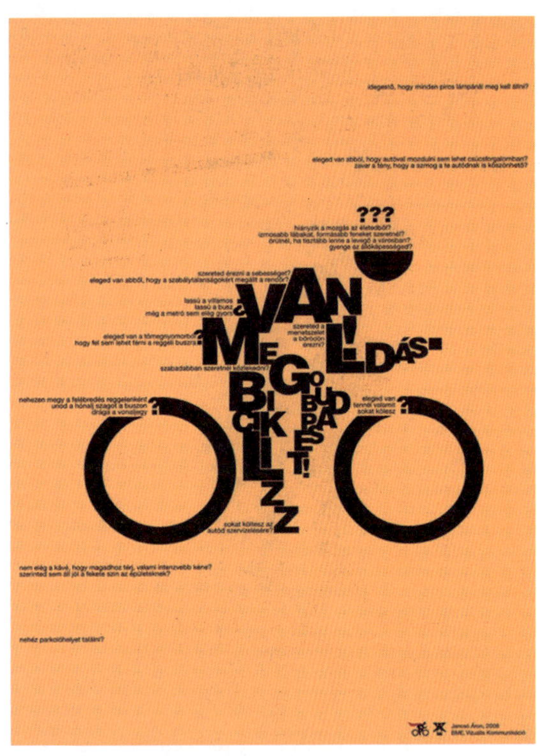

图 3-16　文字的图形化排列

（4）自由排列。自由排列是一种感性的编排方式，通过打破秩序、打破常规、打破阅读规律，突出形式美感，使版面富有游戏般的趣味性，给人轻松、自由之感（图 3-17）。这种排列方式非常强调形式的表现力，甚至有时为了形式需要弱化文字的可读性功能。

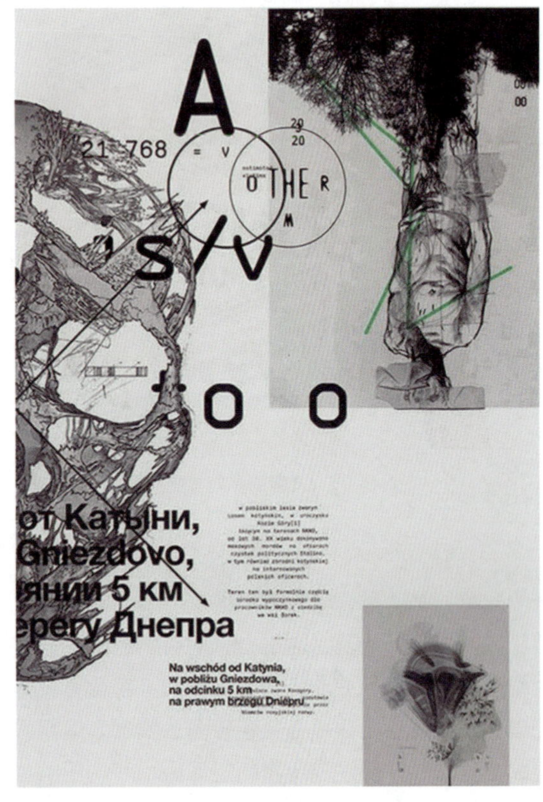

图 3-17　国外招贴设计

（5）错位排列。可将某些文字改变位置，使之错位，常用于字首放大、个别文字强调等方式。字首放大即将正文的第一个字或字母放大，占两到三行的空间，以吸引视线，装饰和活跃版面；个别文字强调即通过加粗、加指示性符号、改变字体或字号等方法有意识地增强个别文字的视觉效果，使其在文字群中显得突出而醒目，以此来区分或强调版面中的某些文字。这种排列方式可以有效地突出某些内容（图 3-18）。

图 3-18　平面广告设计　岳洋

3. 文字在版面中的位置

将文字置于版面中的不同位置会产生不同的视觉效果，给读者不同的视觉感受（图 3-19 和 3-20）。文字在版面的上部，会产生上升的感觉，能营造愉悦、轻松的氛围；文字在版面的下部，会产生下降、沉重的感受；文字在版面的左边或右边，能产生不平衡的动态视觉效果，具有现代、时尚的个性特征；文字在版面的中心位置，能形成版面的视觉中心，产生安定、平稳的视觉效果，营造庄重、优雅的艺术氛围。

4. 文字的组合与排列

在一个版面中，文字之间的组合与排列也很关键。文字编排设计是否成功，不仅在于字体本身的美感，同时也在于文字组合与排列的形式是否得当。如果一个版面中的文字排列不当，如拥挤杂乱或散乱无章，缺乏视线流动的顺序，不仅会影响字体本身的美感，也不便于阅读，难以产生良好的视觉传达效果。因此，版面中的文字编排应具有整体性。例如，标题、广告语和正文之间不宜连接在一起，应保持一定的距离和空间。一般标题和广告语应疏，正文排列应密，在文字编排上要主次分明，条理清楚，有疏密变化（图 3-21）。另外，为了取得良好的排列效果，可采用变换字号、字体、色彩、字距及行距等手法对文字进行分组或分层，使版面中的文字形成点、线、面的关系，使版面产生紧凑、流动、舒畅等不同的效果，呈现出韵律、对比、协调之美，引起受众的阅读兴趣，从而更加有效地实现信息的传递（图 3-22）。

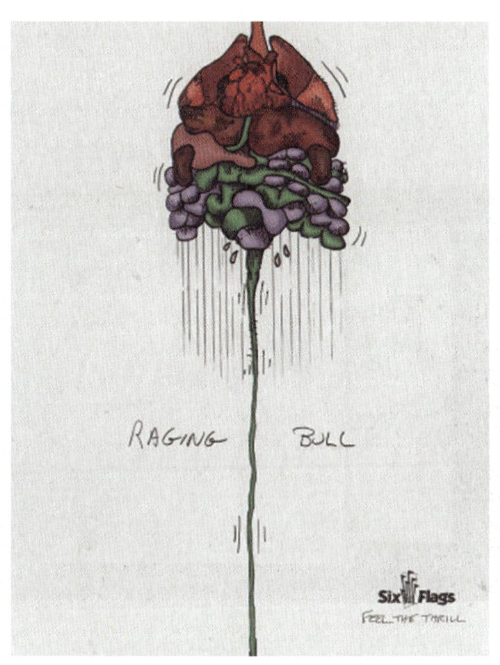

图 3-19 Six Flags 娱乐广告设计（一）

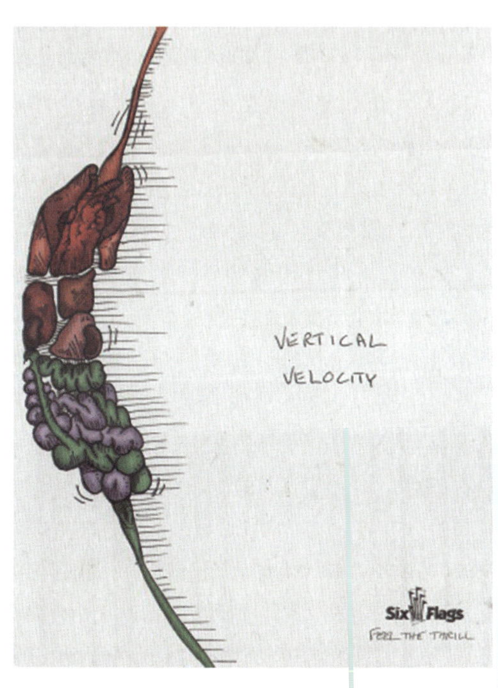

图 3-20 Six Flags 娱乐广告设计（二）

图 3-21 房地产广告设计

图 3-22 挪威与波兰当代设计展海报设计

三、文字的特殊处理

在版式设计中，为了加强版面中文字的视觉冲击力，可有意对文字进行特殊效果的处理或创意性表现，使其个性鲜明，具有一定的形式语境。如改变原有文字的结构，对其进行图形化处理，或通过字体笔画的粗细变化、字体变形等文字处理手法，在保留原有文字信息传达功能的同时，使之具有图形的装饰性和直观性；或在一组整体有规律的文字群中，让单个文字出现异变，形成视觉焦点；还可采用将文字与图形叠加、文字与文字叠加、使文字缺损或破裂等方式，赋予文字质感与肌理（图 3-2[illegible]）。

图 3-23　“南部俊安的设计构思展开”讲座海报设计

第二节　图形

图形在英文中被称为“graphic”。在视觉传达设计中，一切以可视的图画形式为信息载体的视觉形象均可视为图形，它是版式设计中重要的视觉语言，也是人类最早使用的信息传播方法。图形源于人们对事物的形象认知，与文字相比，图形不受地域限制，不仅能形象、具体、直观地诠释设计主题，还能以强大的视觉表现力吸引观者的注意，并引起共鸣，给人留下深刻的印象。图形作为一种非文字符号，是最易识别和记忆的视觉语言。由于人们对图形的敏感度要大于文字，在版面中，图形比文字更容易产生强烈的视觉冲击力。实践证明，在同一个版面中，图形比文字有着更高的注意度，因此，在版式设计中采用图形要素进行信息传达，能有效地获得较高的注意度。同时，图形也可以辅助文字，帮助观者理解设计主题和内容，起到一定的导读作用。

一、图形的分类

很多时候，人们常把图形与插图混为一谈，其实二者有着本质的区别。插图是指附于版面中的图画，是对相关文字内容所做的图形化解释，以增加文字的视觉感受，实现图文并茂。插图具有从属性、装饰性，版面主体为文字部分，插图的作用是辅助读者理解版面文字内容。图形作为意念、创意的载体，可以成为设计表达的主体，它可以不依附于文字而独立存在。就表现方式而言，图形可分为具象图形和抽象图形；就表现内容而言，图形可分为摄影图片、标志等。

1. 具象图形

具象图形是用直观的写实性的图画形象来表现客观对象（自然物、人等）的整体形态，使人一目了然，极具说服力和表现力。运用具象图形来传达某种理念或商品信息，往往会取得较为直观的宣传效果。具象图形能够真实地反映商品形态或广告内容，超越视觉的一般状态，强化事物细节、个性等特征，增加版面的生动性，准确地传递主题信息。另外，一些融入了油画、国画、速写等艺术形式的具象图形，还能给版面增添更多的艺术性和人文气息，营造特定的意境（图 3-24）。

图 3-24　CD 封套设计　张丹婧

2. 抽象图形

抽象图形与具象图形相对，是对自然物象进行概括、提炼，把与其有关的形式和意义抽取出来，用纯粹、理性的点、线、面来构成图形。抽象图形形式简洁明快，具有强烈的现代感和装饰性，是富有现代设计理念的表现形式，能给人以联想和想象的空间（图 3-25）。如几何图形具有稳定的秩序感与机械的冰冷感，体现出一种理性的特征；由流动的曲线构成的抽象图形具有柔性和灵动的变化，体现了自然与生命形态的艺术性；线条的粗细、方向、交织的变化也可打破静态，产生动感。抽象图形作为版面中的一种特殊视觉语言，不仅可以增强版面的形式感，还可以有效地划分版面中的信息，增加阅读的层次。与具象图形相比，抽象图形有时也存在一定的劣势，如可能会产生歧义或误解，所以，在选择与运用抽象图形时，一定要把握图形的特征，了解人们的文化心理和欣赏习惯，抽象图形的使用必须符合主题、内容，否则会有牵强附会之感，削弱传播力，甚至误导受众，产生负面效应。

图 3-25 “山青碧连青”海报设计 李燕

图 3-26 第十三届学院奖公益海报 吴泽玲

3. 摄影图片

摄影是一种展现瞬间、反映真实事物的艺术表现形式。摄影图片广泛运用于现代商业设计，是一种极具说服力的信息传递方式，浅显、通俗、直观，易于传播，能真实地表现商品或某种形象的外形特征。摄影图片的真实感、直观性能快速地获得消费者对其宣传内容的了解与信任，并能多层次地满足消费者的视觉及心理需求。

在商业版式设计中，经常要对所用的摄影图片进行艺术处理，使其与整体版面更加协调，同时营造独特的视觉效果。根据信息传达的内容和表现形式的需要，设计者常采用退底、合成、打散重构、影调、虚实、局部与特写、质感与特效等手法来处理照片。

（1）退底。退底就是去掉照片中的背景，只留下实物形象。这种处理方式可以去掉照片中与版面不协调的背景，使主体形象轮廓分明、清晰醒目，而且可以使形象更易于融入版面，与版面中的文字、图形组合编排，形成协调、整体、生动的版面效果（图 3-26）。

（2）合成。根据一些版式设计的需要，单张照片中的事物有时会略显单调或无法准确、完整地表达较为抽象的理念。通过合成，将多个具象元素统一在同一个版面中，使之成为一个整体，可以产生丰富的、超现实的效果（图 3-27）。

图 3-27 Michal Batory 平面设计 2

（3）打散重构。打散重构就是对原来完整的图片进行裁剪、拆分，再根据设计需求进行重新组合和搭配。打散重构后的图片有破碎、错位或重叠的视觉效果，可产生

图 3-28　国外海报设计

（4）影调。影调是指借助图片处理软件的色彩处理功能，改变照片的彩度、色度、明度、纯度、冷暖，以表现特定的气氛和风格（图 3-29）。

图 3-29　海报设计　沈纯

（5）虚实。通过对照片虚实关系的处理，可以突出主体，避免次要部分的视觉干扰，使版面具有层次感和空间感。被弱化的部分不仅可以烘托主体，而且更容易与文字信息组合编排，在版面中形成协调完整的层次关系（图 3-30）。

图 3-30　Maria Conta 平面公益广告

（6）局部与特写。有时，从设计的独特角度来看，对实物的某个局部进行特写，可以使版面更具感染力（图 3-31）。

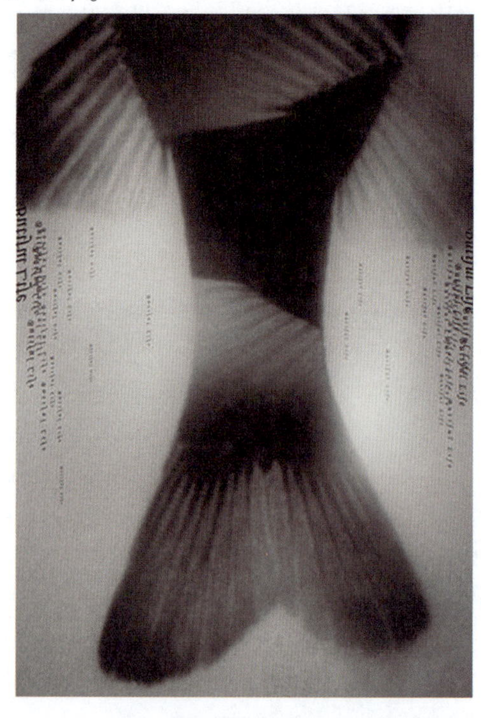

图 3-31　第十一届全国美术作品展览《美丽人生》

（7）质感与特效。在设计版面时给照片添加不同的质感可以产生不同的效果（图 3-32）。如添加手绘效果，可赋予照片艺术感；添加陈旧、破损的效果，可产生时代久远、复古之感；添加数码点阵效果，可呈现出科学与现代之感。

图 3-32　招贴广告

4. 标志

标志是一种具有象征性的视觉传播符号，通过创造典型性的符号特征，借助人们对符号的识别、记忆、联想等思维能力，传达特定的信息。品牌标志作为商业版面中必不可少的构成元素，其形象简洁抽象，可直接、快速地传播品牌信息。标志在版面中的编排可以按照 VI 的规范置于版面中的固定位置，也可以巧妙地将标志灵活运用，如将标志作为版面中的主体，进行相应的创意与延伸。标志在商业版面中的呈现，无疑对宣传企业形象十分奏效，也是构建品牌形象的有效方法（图 3-33）。

图 3-33　包装设计

除了以上四种类型以外，根据不同的形状特征，图形还可以分为规则图形和不规则图形。规则图形主要表现为方形图和出血式图形。方形图即以直线为边框的正方形或矩形图，是版式设计中较为普遍和常用的表现形式。由方形图构成的版面充满秩序感，显得安定、平稳而大方。出血式图形就是图形突破版面边框的限制，充满整个版面，甚至超出版面的边框之外，具有向外延展之势，常见的有四边出血、双边出血和单边出血。出血式图形在版面中有呼之欲出之感，可拉近与读者在视觉上的距离。不规则图形是指边缘线不规则的图形，主要表现为退底图和插图，具有很大的灵活性，形式活泼、轻松，易于与文字、版面背景协调，情节性强，善于烘托气氛，是版式设计中常用的方法。总的来说，规则图形有稳定性和秩序感，但一味地强调规则就会导致版面单调和刻板；不规则图形显得灵活、生动，但运用不当就会导致版面杂乱无章。因此，在选择图片形状时，应注意版面的整体协调性。

二、图形的大小与数量

一般来说，文学类和学术类书刊版面中的图形较少，科普类和新闻类刊物版面中的图形较多。对于广告设计作品来说，图形的大小与数量，会直接影响版面的视觉效果和信息、情感传达效果，也会影响人们的阅读兴趣。大尺寸的图形引人注目的程度高，视觉冲击力强，可高效、迅速地传达信息，具有表现细节、渲染气氛的作用，如局部特写、人物表情等（图 3-34）。小尺寸的图形可使版面显得精致和严谨。若将小尺寸的图形插入文字群中，能够起到点缀版面和呼应主题的作用，使版面简洁有序。在一个版面中，将大小不同的图形的结合使用，能使版面具有空间感和层次关系，从而产生节奏感和韵律感，构成生动和谐的版面效果（图 3-35）。为了突出版面中的重要信息，可将主要的图形放大，次要的图形缩小，使版面形成特定的主次关系。

在设计版面中图形大小关系的同时，设计师还应考虑版面中图形的数量。若版面中图形数量少，显得简洁而单纯，比较容易吸引观者的视线，具有较好的视觉诉求力；若版面中图形数量多，显得丰富而有变化感，耐看性强，可以营造轻松、活跃的氛围。当然，版面中图形数量的安排并不能随心所欲，要根据设计形式的需要和版面内容的要求来定。应注意：在同一版面中，图形的数量最好不要超过十种，否则可能造成版面松散、杂乱，缺少重心。因此，要灵活编排图形元素的数量和大小关系，分清主次，在准确传达信息的同时达到最佳的视觉效果

图 3-34　局部特写的运用

图 3-35　报纸广告设计　岳洋

三、图形的位置与组合方式

1. 图形在版面中的位置

图形在版面中的不同位置会给人不同的视觉感受，也会影响版面的整体构图格局。将图形置于版面的四个角上，能使版面具有安定感和平衡感，但若处理不当，则会显得刻板平庸；将图形置于版面的左边或右边，可以产生视觉上的动感；将图形置于版面的中轴线上，可以形成横竖居中的版面格局，即使版面上各个元素之间的差异性较大，也能够产生视觉上的平衡感；将图形分别置于版面的左右两边，能起到互相呼应的作用，也能达到视觉上的稳定（图 3-36 和图 3-37）。

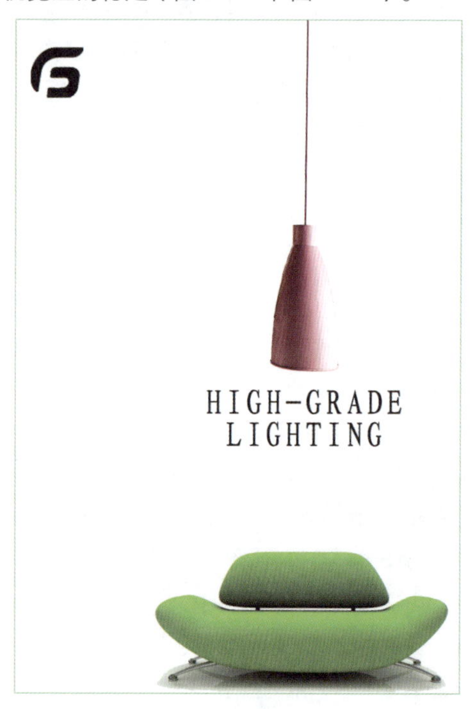

图 3-36　画册设计　冯婧

图 3-37　杂志　《美食堂》目录

2. 图形在版面中的组合方式

（1）块状组合。块状组合就是将版面中的各个图形通过它们之间的垂直线与水平线组合成块状。无论图形等大还是大小各异，当把这些的图形组成块状时，各个块面会自然形成一个整体，使版面整齐有序，具有整体感，并且能体现出高低错落的层次感（图 3-38）。

（2）散点组合。散点组合是将各个图形在版面上分散安排、自由组合。这种组合方式可以不受版面四角、对角线和中轴线的约束，使版面显得较为轻松、活泼和自由，但在编排时应特别注意图形的大小、主次关系，还应遵循视觉流程原理，充分考虑版面的疏密关系和视觉平衡感等因素（图 3-39）。

图 3-38　书籍设计　张丹婧

图 3-39　散点组合式版面

（3）图文组合。在一个版面中，文字与图片采取不同的编排方式，会产生不同的视觉效果。在以文字为主的版面中，常采用图文穿插的编排形式，即文字围绕图片或将图片插入整片的文字中。图片规则的几何外形宜与规则的文字群相结合，形成整体效果。但因设计的需要，有时图片规则的外形会使版面显得刻板，这就需要对图片进行一些艺术处理，如退底、羽化或裁切成其他形状，再将文字围绕其边缘编排，形成有机统一体，给人轻松、融洽的感觉（图 3-40）。

图 3-40　版面设计

在以图形或图形化文字为主的版面（如招贴广告）中，文字与图形更需要巧妙地组合排列，从而让读者一目了然，能轻松地阅读版面中所有的信息（图3-41）。根据视觉流程原理，版面左上部和中上部为最佳视域，因此，把最重要的信息（图形或文字）放在这些位置，能够在第一时间抓住观众的视线，以达到诉求目的。一般来说，文字与图形的组合有两种方式：一种是将图形置于版面中的最佳位置，利用图形的直观性吸引观者的视线，然后顺着视觉流程使观者关注到标题，进而引导观者注意其他说明文字等相关信息；另一种是将标题置于版面中的最佳位置，顺势编排图形、说明文字等信息，这种编排方式是把标题作为图形的先导，为观者提供识读版面信息的依据，使观者获得一个完整的认知。在任何版式设计作品中，版面中的每个设计要素都具有一定的相对独立性，都有其自身的特点，文字与图形的编排并没有特定的模板，设计师需要掌握相关的编排设计方法，把握好版面的基本构成要素并遵循版式设计的形式美法则。

图3-41　招贴设计

第三节　色彩

色彩是平面设计中的重要表现要素之一，也是版式设计的重要组成部分。色彩在平面设计中起着至关重要的作用，可以有效表达画面基调和感情色彩，有助于烘托设计主题、渲染版面气氛。研究表明，色彩比图形和文字更能引起人的注意，更具感性的识别性和情感诉求力。人们在观看平面设计作品时，最先感受到的是色彩，人们对作品的第一印象往往通过色彩而获得，因此，设计师对色彩的把握成为设计作品成功与否的关键因素。版面中的色彩可艳丽明朗，也可灰暗素雅，不同色彩会形成不同的视觉效果，给人不同的心理感受。设计师应具备相关的色彩学知识和良好的色彩感觉，并根据设计主题与表现形式把握好色彩的主色调、冷暖对比、明暗关系等，使设计作品的基调、整体风格与主题相吻合，准确地表达设计理念。

一、色彩的三要素

色彩可分为无彩系和有彩系两大类。无彩系是指没有色调、只有明度差别的白色、灰色、黑色；有彩系是指有彩度的颜色，如红色、黄色、蓝色等。从色彩学的角度讲，所有色彩都具备三种属性，即色相、纯度和明度，色彩给予人的视觉感受也源于这三个方面。

1. 色相

色相是指色彩的面貌或色彩倾向，它是色彩最显著的特征，基本色相包括红、橙、黄、绿、青、蓝、紫。每种基本色相按照色彩倾向的不同，又可进一步加以区分，如红色可分为朱红、大红、深红、玫瑰红等，黄色可分为淡黄、柠檬黄、中黄、土黄等，绿色可分为草绿、翠绿、橄榄绿、墨绿等，蓝色可分为湖蓝、钴蓝、普蓝等，色相环中的每个色彩名称都代表一种色相。从理论上说，自然界中存在三百多种色相，而实际上，人们能够辨识的色相十分有限。不同的色相能给人不同的视觉感受和心理感受，也能够启发人们不同的联想，从而引申出各种颜色的象征意义。了解色相是为了区分各种不同的色彩，在进行版式设计时能准确把握色彩的视觉特征，从而更好地表现版面中的设计内容。

2. 明度

明度是指色彩的明暗或深浅程度。在色相环中，明度最高的是柠檬黄，明度最低的是紫罗兰。在纯色中混入白色可提高其明度，且混入白色越多，明度越高；在纯色中混入黑色可降低其明度，且混入黑色越多，明度越低。明度可使色彩形成空间感与体积感，在版式设计中应用不同明度的色彩，可使版面具有秩序美。高明度的色彩能够给人活泼、轻快、清新之感，低明度的色彩能够给人稳定、低沉、厚重之感。在商业版式设计中，设计师常利用色彩明度的变化来渲染版面气氛，以更好地表现设计主题。

3. 纯度

纯度是指色彩的饱和度或纯净程度。纯度越高，色相感就越明确。当一种纯色与另一种纯色混合在一起时，其纯度会降低；在任何一种纯色中加入黑、白、灰，也可降低其纯度。明度高或明度低的色彩，其纯度都会低于其纯色。纯度高的色彩明快而醒目，给人以单纯之感；低纯度的色彩则显得温和、内敛，给人以含蓄、细腻之感。利用色彩纯度的特性，可使版面统一而富有变化。

二、确定主色调

色调是指版面中一种主色和其他颜色的搭配组合所形成的色彩关系，也可以说是版面色彩的总体倾向。一般而言，在版面中所占面积较大的色相即成为版面的主色调，它是统领版面的主要色彩，版面中其他色彩的运用均须围绕着主色调进行配置与调整。在平面设计作品中，一个版面一般由多种颜色构成，为了增强版面的整体效果，给观者更深的视觉印象，在进行版面的色彩设计时，一般会选择一种或一组色彩作为起支配作用的主色，以统一版面的色调，获得整体色彩的协调性，避免杂乱。无论对于绘画还是版式设计，主色调的确定都是一个非常重要的环节，它决定了色彩组织的整体意图和方向。

1. 主色调的构成

选用不同的色彩作为版面中的主色，会形成不同的主色调。主色调的构成包括色彩的色相、纯度、明度等多方面的因素，不同的色调能够创造出不同的氛围和风格。

（1）冷、暖色调。正如画面中的明暗关系可产生视觉上的体积感一样，色彩也能产生视觉上或冷或暖的感觉。色彩本身并没有温度，由于人们自身的生产劳动经验所产生的联想，才使色彩具有冷、暖之分。如红、黄、橙等暖色会让人联想到炎热、温暖、阳光，蓝、白等冷色会让人联想到冰凉、寒冷、夜晚，绿色、紫色等为中性微冷色，黄绿、紫红等为中性微暖色。在版面中以冷色为主，其他颜色为辅所构成的画面基调被视为冷色调。冷色调给人寒冷、清凉、沉重、理性之感，能使版面具有空间感和空气感（图 3–42）。以暖色为主，其他颜色为辅所构成的画面基调被视为暖色调。暖色调给人活泼、热情、喜庆、愉悦之感，可使版面更加醒目（图 3–43）。以中性色为主色调的画面，则给人中正、温和之感。

（2）亮、暗色调。亮调，即高明度色调，是指在版面中由高明度色彩占主导所构成的色调。亮调具有明快、舒畅、温馨、轻柔的特点，是表现女性化、柔美感的常用色调（图 3–44），但若色调处理不当，版面则会因色彩缺乏纯度而显得轻浮，并且减弱作品的视觉感染

占主导所构成的色调。暗调是表现力量、深沉、悠久之感的常用色调（图 3–45）。介于亮调与暗调之间的色调即为中明度色调，是指在版面中由中明度色彩占主导所构成的色调。该色调给人以稳定、谦和之感。

图 3–42　包装设计

图 3–43　画册设计　冯婧

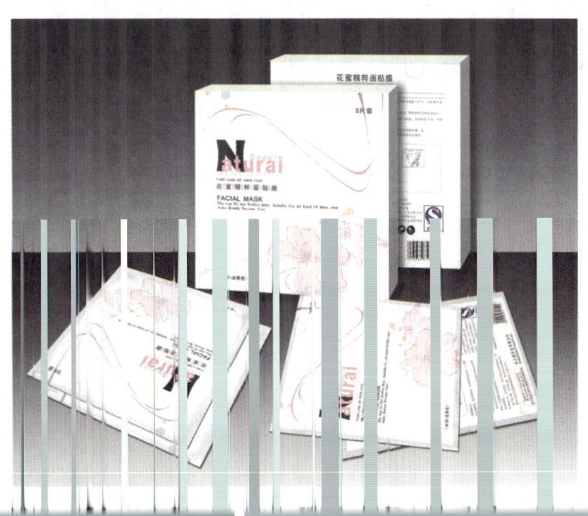

图 3-45　包装设计　张丹婧

图 3-47　招贴设计

（3）鲜、灰色调。鲜调即高纯度色调，是指在版面中由高纯度色彩占主导、低纯度色彩为辅所构成的色调。鲜调具有色调效果鲜明、强烈、刺激、华丽的特点（图 3-46），但若色彩搭配不当，则会显得花哨、艳俗。灰调即低纯度色调，是指在版面中由低纯度色彩占主导，高纯度色彩为辅所构成的色调。灰调给人沉静、神秘之感（图 3-47），但若运用不当，则会显得沉闷、平淡。介于鲜调与灰调之间的色调称为中间色调，即中纯度色调，是指由中纯度色彩占主导所构成的色调，给人朴实、柔和之感，但若色彩搭配不当，则会显得平淡而缺乏生气。

图 3-46　招贴设计　张丹婧

2. 确定主色调的依据

在进行版面的色彩设计时，首先要确定版面的主色调。主色调的确定必须有理可依，要从以下方面考虑。

（1）设计主题。要确定一个版面使用何种色调，必须先明确该设计的主题。根据不同的设计主题确定所需的色彩格调和画面基调，不同的主色可以营造不同的画面气氛和感情色彩。若要呈现温馨和谐的整体氛围，可选择暖色（橙色、黄色等）作为版面的主色调。在商业设计中，在表现一些喜庆、祝福之意时，常采用红色作为设计的主色调，给人一种喜庆欢快的感觉。若要呈现宁静高雅的氛围，可选择冷色（蓝色、绿色、紫色等）作为版面的主色调。

（2）行业特征或产品属性。色彩的象征性与作品属性有着内在联系。由于人们对色彩的普遍认识，有些产品或行业在消费者的心中已经有了与生俱来的代表色，如生物、农业、医药卫生行业的相关设计作品多采用象征生命的绿色系色彩；电子、科技行业的相关设计作品多采用象征理性与精密的冷色系色彩，如蓝色；食品或餐饮行业的相关设计作品多采用暖色系的色彩，这种色调更容易让人产生食欲（图 3-48）。因此，设计师也常会根据产品或行业代表色来确定作品的主色调，使版面中的色彩表现与诉求内容相得益彰，达到强化设计主题、增强作品识别性与信息传播力的效果。

（3）行销时间。有时由于行销时间不同，有些产品或商业活动具有明显的时节特征，因此，在进行相关版式设计时，应充分考虑行销时间的因素，利用颜色的暗示性来表现特定时间段的商品特征。在冬季销售的商品，如一些保暖类产品，在与其相关的设计作品中多使用暖色作为版面的主色调，以传达产品保暖防寒的功能；若是在夏季进行销售，为突出时间性特点，在与其相关的设计作品中多使用给人以宁静、清凉感觉的蓝色、银灰色等冷色作为版面的主色调（图 3–49）。另外，色彩的选择也会受到节日的影响，例如在春节前后，礼品市场会呈现出一片喜气洋洋的气氛，红色与金色成为各类设计的主色调。这些设计都是结合时节特征，利用色彩的代表性和暗示性来准确传达设计的主题和内容。

图 3–48　包装设计

图 3–49　平面广告设计　岳洋

（4）依据消费群体的定位。不同的年龄阶段、职业背景和消费层次的消费人群对色彩有着不同的偏好。因此，明确设计的服务对象及其色彩偏好，也是确定版面主色调的依据之一。例如，定位于青少年消费群体的商品，其相关的设计作品中常选用较为鲜艳这类人群追求时尚、个性化的消费心理；定位于中老年消费群体的商品，其相关的设计作品常选用雅致、沉稳的中性色彩作为版面的主色调，给人以成熟、稳重之感。对于大众化的日用商品，其用色多遵循常规，兼顾大众的色彩偏好；而定位于高层次消费群体的奢侈品或高档产品等，其用色则会侧重于个性化的质感表现，有时会选用无彩色（白色、灰色、黑色）或金色、银色等作为版面的主色调，以体现品牌或产品的贵重感（图 3–50）。另外，版面中主色调的确定还应考虑一些实际情况，如地域环境、风俗习惯、竞争对手等特定因素，并根据这些因素灵活运用色彩。

图 3–50　包装设计

3. 主色调的色彩搭配

为了丰富版面中的主色调，在商业版式设计中往往采用两套或三套色彩（至少一套颜色）来构成主色调，通过色彩的搭配，既可避免版面色彩单调，又可产生视觉层次感，建立色彩的律动感，增强版面的生动性。在进行色彩设计时，常采用同类色搭配、邻近色搭配、对比色搭配和互补色搭配的方法。

（1）同类色搭配。以某一色相为主，在色相环中与其距离 15° 以内的色彩，称为同类色。同类色只有明度与纯度的对比，而不存在色相的差别，其对比效果主要依靠明度变化来表现，给人以柔和、素净之感

图 3-51　包装设计　张丹婧

（2）邻近色搭配。在色相环上相距 15°～45° 的色彩称为邻近色。邻近色的色彩对比十分微弱，能使版面产生一定的朦胧感。为了避免色彩搭配过于单调，可以借助色彩明度、纯度的变化来弥补邻近色之间色相接近的不足，给人以柔和、优雅之感（图 3-52）。

图 3-52　邻近色搭配

（3）对比色搭配。对比色是指在色相环上相隔 120° 左右的色彩，如橙与紫、黄与蓝等色组。对比色的色相对比十分强烈、鲜明，使版面具有明快、华丽、跳跃之感，但由于色相缺乏共性因素而形成的强烈对比容易造成视觉上的疲劳，因此在运用对比色搭配时，需要通过一些色彩的调和来进行统一（图 3-53）。

（4）互补色搭配。互补色是指在色相环上相隔 180° 左右的色彩，色相对比最为强烈，如蓝与橙、黄与紫、红与绿。互补色使版面色彩对比强烈，鲜明、刺激、充满动感，具有最强的视觉吸引力，是商业版式设计中广泛运用的色彩搭配方法（图 3-54）。但若处理不当，则会致使版面不协调、生硬、杂乱，因此在运用互补色搭配时，应充分利用互补色的优点，避免色彩对比过于强烈、生硬，从而获得最佳的色彩搭配效果。

图 3-53　对比色搭配

图 3-54　招贴设计　张丹婧

4. 商业版式设计常用色调

商业版式设计中一些比较常用的色调如下：

（1）红黄色调。红黄色调是暖色的组合，象征着活力、热情。在我国，它是吉祥、富贵的象征，多用于食品、餐饮、礼品等广告设计和包装设计（图3-55）。

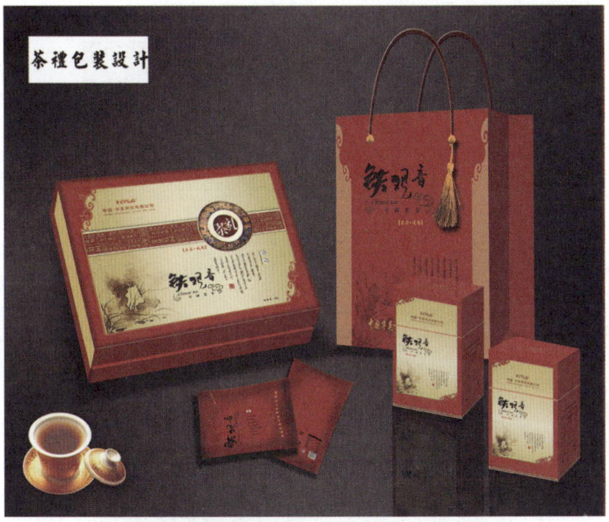

图3-55　包装设计　张丹婧

（2）红黑色调。红黑色调是一组色彩对比比较强烈的配搭组合，红色醒目、鲜亮、视觉冲击力强，黑色稳重、肃穆，红黑所形成的主色调，给人以大气、庄重之感（图3-56）。

图3-56　红黑色调

（3）蓝绿色调。蓝色象征着理性、深远，是科技行业的代表色。绿色象征着自然、生命、希望。蓝绿色调代表安全、环保、高科技，沉稳之中透着生命的活力，是一套给人以信赖感的色彩组合（图3-57）。

图3-57　名片设计　张丹婧

三、色彩的调和

色彩调和是指为了使版面中的色彩和谐、统一，具有美感，对版面中有差别的色彩进行有秩序、协调统一的调整和组合，从而达到色彩与作品内容、审美需要以及设计功能的统一。色彩调和的方法主要有三种，即同一性调和法、对比调和法与秩序调和法。

1. 同一性调和法

同一性调和法是通过调节色彩的色相、明度、纯度、冷暖对比关系，来增强版面中色彩的共性因素，减弱过于强烈的色彩对比，避免色彩搭配过于鲜明、生硬。这种调和方法主要从以下方面着手：

（1）色相的统一调和。在对比色中混入同一色相，使对比色的色相逐步接近，以削弱原来过于强烈的色彩对比，在把握好明度与纯度关系的同时，形成共有色相基础上的协调统一，从而获得版面中统一而雅致的色调（图3-58）。

（2）明度的统一调和。通过提高或降低各对比色的明度，削弱原来过于刺激的色彩对比关系，使版面色彩的整体明度变得相对柔和，形成统一而精致的色调（图3-59）。

（3）纯度的统一调和。在各对比色中混入同一明度的灰色，使各对比色的纯度逐步接近，形成稳定、含蓄的色调。应注意不要调和过度，否则会导致版面中的色彩变得模糊、[illegible]

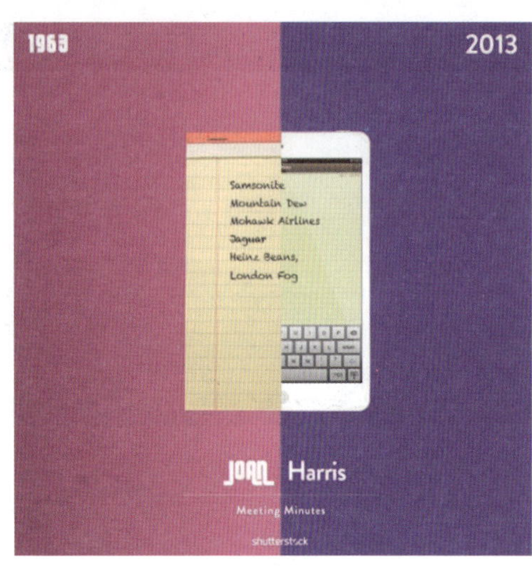

图 3-58 色相的统一调和

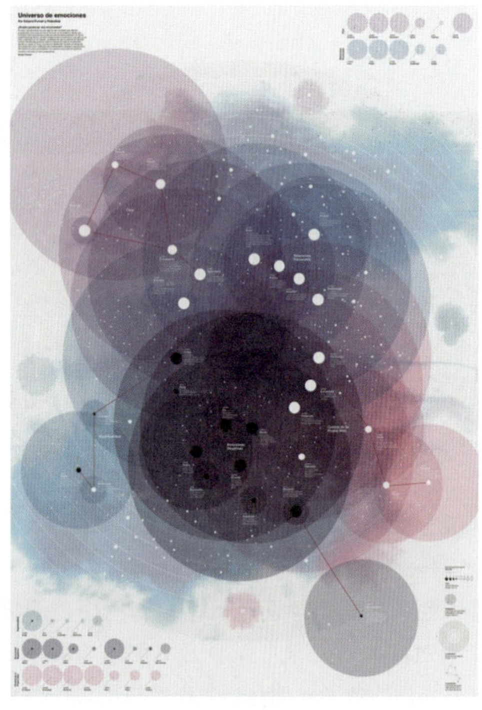

图 3-59 明度的统一调和

图 3-60 纯度的统一调和

2. 对比调和法

对比调和法强调统一中求变化，使版面中的色彩对比关系既丰富又和谐，色彩效果更加生动、活泼、鲜明。具体调和方法如下：

（1）强调色的应用。可将强烈而醒目的颜色用于版面的局部，形成版面的视觉焦点，既能避免单调平庸之感，又能突出视觉中心，使版面生动、有趣（图 3-61）。

图 3-61 强调色的应用

（2）色彩面积对比。通过不同面积的色彩组合变化来调节版面中色彩的对比关系，可得到视觉上整体性的平衡与稳定。若版面中的各种色彩面积相同，则难以调和；若面积大小各异，排斥性小，各对比色之间则可形成互相衬托的有机整体，取得良好的调和效果（图 3-62）。

图 3-62 杂志封面

（3）分割色块。为了避免版面中的色彩对比过弱或过强，可在版面中形成色块，还可在各个色块之间以另一种颜色加以分割，将两色块区分，形成对比或互补关系，从而产生清晰而明快的整体色彩效果。在进行色块分割时，以黑、白、灰为宜，这样不会破坏原有的色彩搭配。另外，使用金、银色能使设计作品显得华丽，也可获得良好的效果（图 3-63）。

图 3-63　展板设计　岳洋

3. 秩序调和法

秩序调和法就是采用渐变、重复、自由变换等形式，使色彩有序、有规则地交替出现，形成韵律感和节奏感，体现色彩的秩序美，包括以下方面：

（1）渐变。色彩的色相、明度或纯度依次递增或递减即形成渐变色。渐变色彩的形式变化具有规律性，能够产生柔和的韵律感，可使观者的视点从版面的一端顺势位移至另一端，具有良好的传动效果（图 3-64）。

（2）重复。点、线、面等形态的重复出现，可使版面形成具有周期性的色彩变化，产生循环交替的秩序感，在变化中求得统一，达到和谐的视觉美感（图 3-65）。

图 3-64　渐变色运用

（3）自由变换。按照复杂的节奏韵律对色彩进行聚集或分散的自由式组合即自由变换。这种色彩组合形式无特定的规律可循，色彩变化丰富，形式多样，可产生强烈的动感；若运用不当，则会显得杂乱无章。运用此方法时，一定要遵循版式设计的形式美法则（图 3-66）。

图 3-66　自由变换的运用

本章小结

版式设计的视觉语言由文字、图形和色彩三个基本要素构成，对于这三个要素的合理编排是版式设计成功的关键。文字、图形、色彩在版式设计中是一个有机整体，在进行版式设计的过程中必须将三者综合考虑，只有掌握了它们各自的特点和三者之间的内在联系，才能在设计时灵活运用编排的原理和方法，准确传达设计主题与情感，达到最佳的视觉效果。

思考与练习

1. 简述不同文字排列方式的特点。
2. 用图形不同的组合方式，设计版面。
3. 如何确定版面主色调？
4. 色彩调和有哪些方法？
5. 以四季为主题，综合运用图形、文字、色彩，设计一个系列版面。

第四章

版式设计的形式

本章知识点

骨格的定义与分类；骨格式版面类型；骨格式版式设计的方法；满版式、分割式、中轴式、曲线式、倾斜式、对称式、重心式、并置式、自由式和几何式等其他形式版式设计。

学习目标

了解骨格的概念和骨格式版面的类型；掌握骨格式版式设计的方法；理解其他形式版式设计的规律。

第一节　骨格式版式设计

现代版式设计的形式和分类尚无定论。有人将其分为骨格式、满版式、上下分割式、左右分割式、中轴式、曲线式、倾斜式、对称式、重心式、三角式、并置式、自由式和四角式共13种，也有人将其归纳为骨格式、满版式、分割式、中轴式、曲线式、倾斜式、对称式、焦点式、三角式、自由式共10种。这是一个开放性研究课题，但不论哪一种观点，都把骨格式放在第一位，因为在现代版式设计中，骨格式是影响最大和使用最为广泛、成熟、规范的一种版式设计形式。

骨格式版面起源于20世纪初的西欧，完善于20世纪中叶的瑞士。现代主义设计者经过长期的研究与实践，将骨格式编排的设计方法发展为一种成熟并被广泛应用的方法，在各类平面设计（如书籍装帧设计、报纸杂志编排设计、产品设计、广告设计等）中均可运用。

骨格式设计法是一种规范、理性的版式设计分割方法。利用骨格编排设计的作品能够创造一种简洁、朴实的视觉艺术风格，对现代平面设计产生了广泛、深远的影响。随着版式设计的计算机化，骨格式构成设计越来越受到设计界的重视。

一、骨格概述

1. 骨格的定义

骨格和基本形是平面构成的核心组成部分。骨格是指构成图形的骨架和格式，相当于建构房子的框架。平面构成中可见的视觉元素通称为形象。设计中的基本形即指最基本的形象。

骨格式版面早期设计风格的形成深受建筑设计的影响，其特点是运用数字的比例关系，通过严格的计算，将版心划分为无数统一尺寸的骨格（图 4-1）。

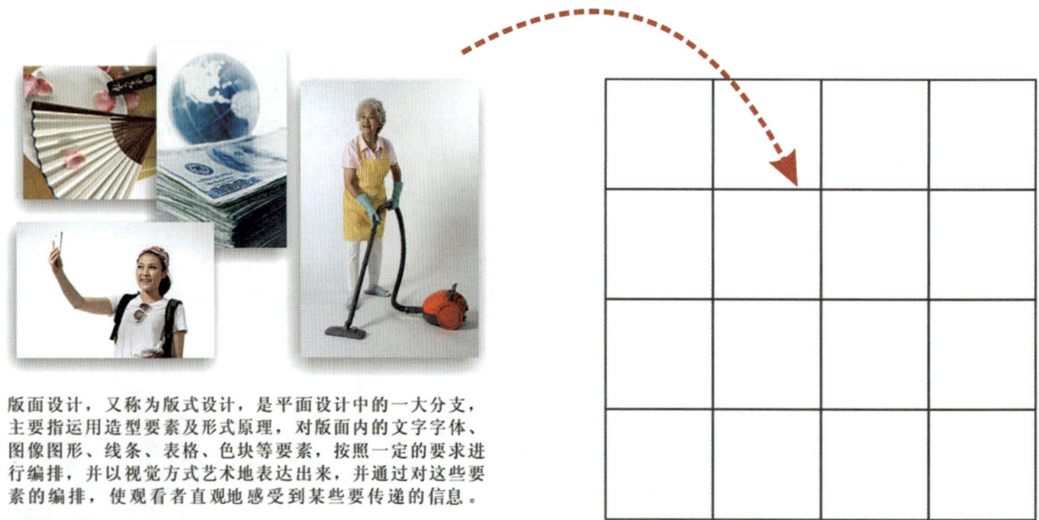

图 4-1　版式设计中的骨格

从本质上说，骨格就是一件设计作品的骨骼，是设计得以完成的基础。骨格式版式设计成功地将构成和秩序的概念引入设计之中，使设计师能将丰富的视觉、设计元素——字体、图形、点、线、面等协调一致地安排在一个版面上。不论是简单的设计还是复杂的设计，设计作品的比例感、整体感、时代感和严谨感都必须依托精心搭建的骨格才能表现出来。

2. 骨格与视觉元素

骨格与视觉元素共同构成设计作品的“骨肉”，二者互相依存、不可分割。在进一步学习和研究前，有必要明确版面视觉元素的基本特征。

（1）段落文字。段落文字包含丰富的信息，是构成版面信息的主要内容，在版面信息传递秩序中，段落文字处于较后的位置，一般在版面中以“面”的形态呈现。影响段落文字信息传递力度的具体因素主要包括字体、字号、颜色、背景、字间距、行间距、段落间距、段首设置、文本宽度等。

（2）标题文字。在信息传递一般的秩序中，标题文字多处于最前或靠前位置，是版面的核心内容和主题内容。根据不同应用领域的具体要求，标题文字在版面编排中有着不同的信息传递秩序。影响标题文字、信息传递力度的具体因素主要包括字体、字号、色彩、背景、字间距或文字组织排列规律等。标题文字在版面编排中往往以点或线的形态出现。

（3）图像。一般来说，图像传递信息最直接、有效。在版式设计中，图像可以出现在信息传递秩序的不同位置，具有很大的变换空间。在编排设计过程中，应视具体要求，适时处理好图像的信息传达力度。影响图像信息传达的因素主要包括图像大小、色彩、背景、外形特征、纯度变化，以及图像本身的艺术感染力等。

（4）基本形。骨格决定了各基本形在构图中的关系。骨格的各种变化会使整体构图发生变化，有时，骨格也可成为形象的一部分。

了解这些视觉元素与骨格之间的关系，有助于实现设计的整体性、创造性和独特性。对视觉元素的灵活运用，能反映设计者的设计品位、水准、风格和个性。

3. 骨格的分类

骨格是图形构成的骨架与格式，用于创造、构成、编排和约束基本形。骨格有不同的分类方式，要强调的是，每一种分类在应用时都不是绝对的，它们的含义可能会有某种程度的交叉，这里按规律性和表现形式对它进行分类。依据其秩序性，可以把骨格分为规律性骨格、非规律性骨格；依据其对基本形的控制力的强弱，则可以将其分为作用性骨格和非作用性骨格。

（1）规律性骨格。规律性骨格有精确严谨的骨格线，有规律的数字关系。基本形按照骨格排列，往往具有强烈的秩序感，具有分割明确和理性的逻辑美。规律性骨格主要有重复、渐变、发射等形式。

①重复骨格。所谓重复骨格，是指骨格线分割的空间单位在形状、大小上完全相同，是最有规律性的骨格（图4-2）。基本形按骨格连续排列；骨格通常决定基本形的位置，但可灵活调整。重复骨格中基本形的方向可任意变动，骨格单位内基本形的位置也较灵活，基本形的大小也可自由选定。

图4-2　重复骨格

重复中的变异相对复杂。如重复骨格与基本形相叠，作用性的骨格或可见的骨格线可与基本形相叠，产

在版式设计中，将构成骨格的两大基本元素（即垂直线与水平线）加以变动，可得到多种骨格形式。

a. 第一种变动。表现为宽窄变动、方向变动、线质变动及混合变动四种形式。

宽窄变动：将骨格线的宽窄加以变动，形成骨格各组的空间变化（图4-3）。

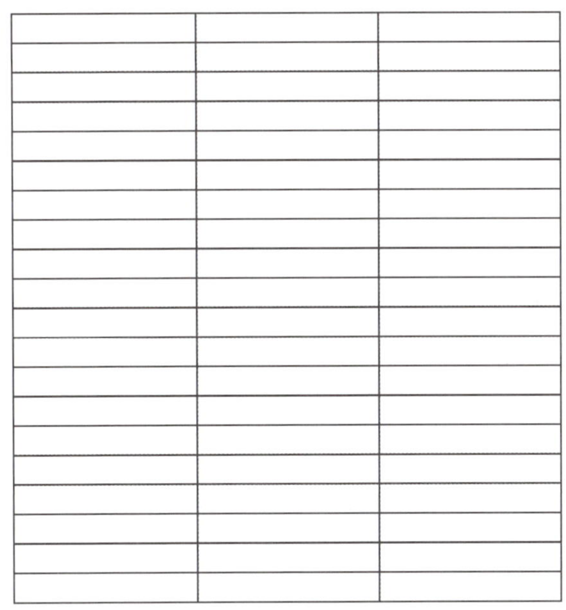
图4-3　宽窄变动

方向变动：将垂直或水平的骨格线变成斜线。只改变其中一种线的方向，称为单元方向变动；而将两种线同时变动，称为双方方向变动（图4-4）。

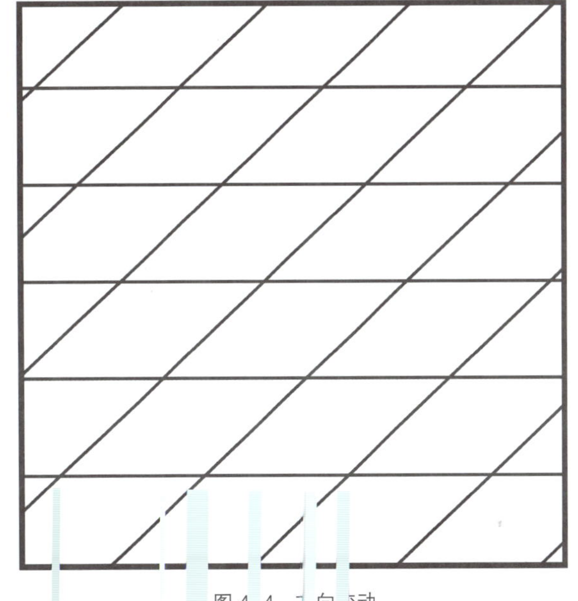
图4-4　方向变动

线质变动：将水平或垂直的骨格线变为弧线、曲线（图4-5）。

混合变动：对骨格线进行线质、方向、宽窄的混合

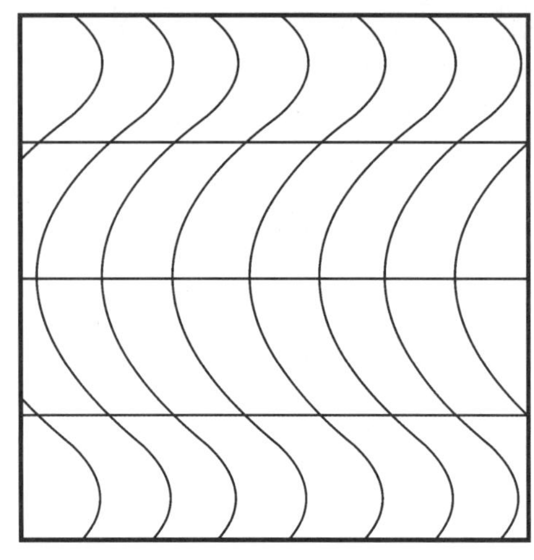

图 4-5　线质变动

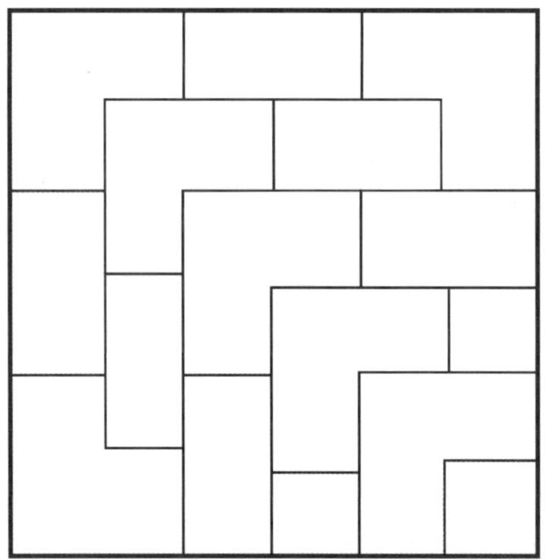

图 4-6　混合变动

b. 第二种变动。骨格的单位发生变动，或合二为一，或一分为二（图 4-7）。

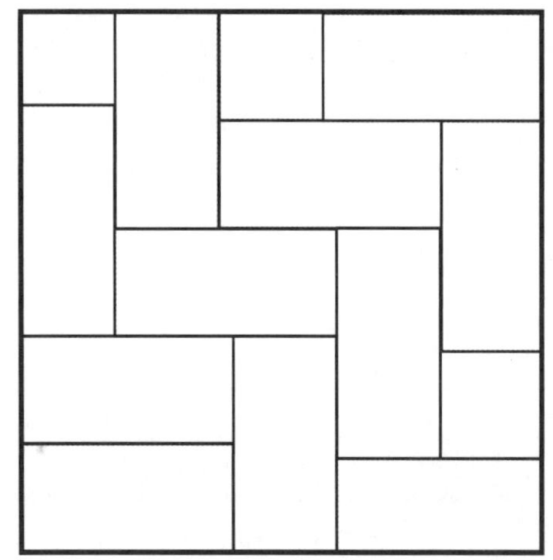

图 4-7　骨格单位的变动

c. 第三种变动。将骨格线的水平线或垂直线做分类的迁移变动（图 4-8）。

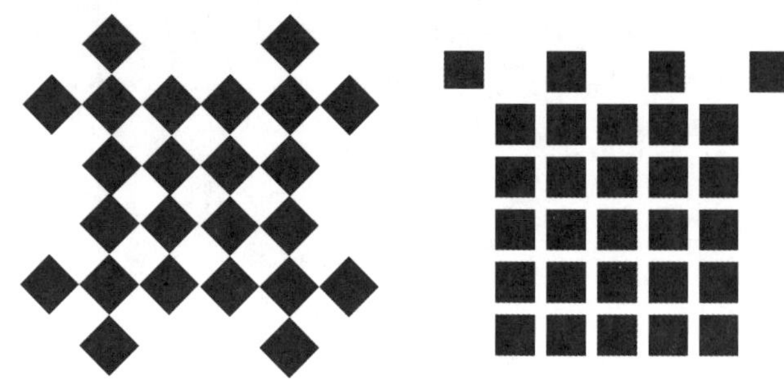

图 4-8　骨格线的分类的迁移变动

②发射骨格。骨格线以一点或多点为中心，向周围发射、扩散，具有较强的动感及节奏感。骨格线和基本形呈发射状的构成形式称为发射构成。此类构成有离心式、向心式、同心式以及发射与重复、发射与渐变等形式。

a. 离心式。骨格线由发射中心向四周发射。骨格线或直或曲，或为弧线，或发射线不连接，或中心迁移，有多组发射线（图 4-9）。

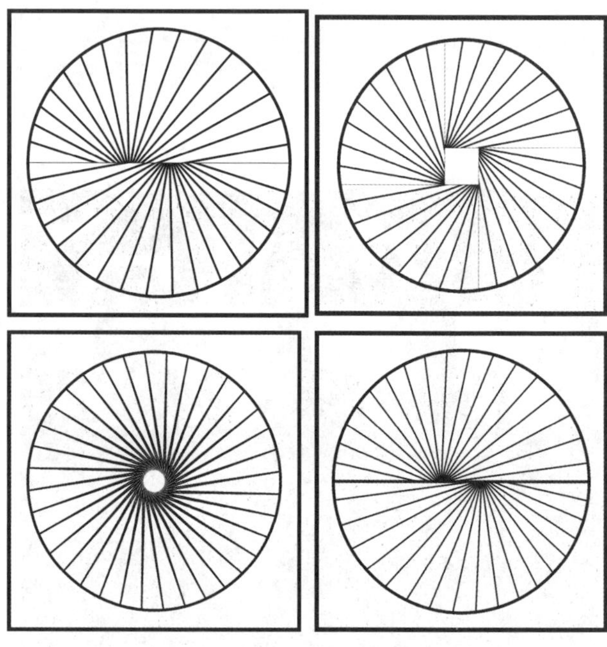

图 4-9　离心式骨格

b. 向心式。骨格线由各个方向朝中心汇聚，是离心式发射骨格的反转形式（图 4-10）。

图 4-10　向心式骨格

c. 同心式。骨格线分为曲线、直线、螺旋线等（图 4-11）。

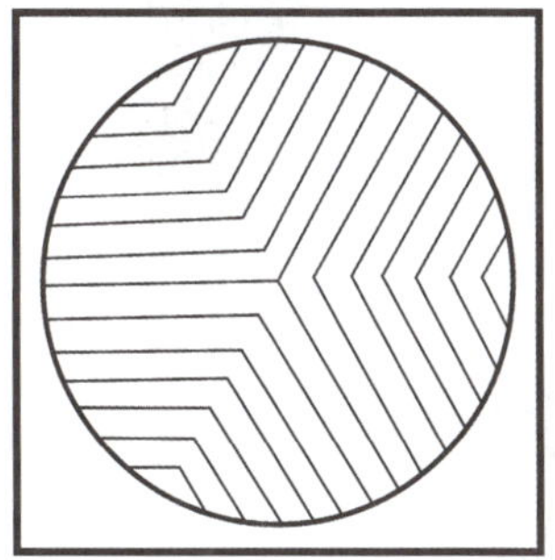

图 4-11　同心式骨格

d. 发射与重复。重复骨格可叠入发射骨格；发射骨格也可看成一种基本形以重复或渐变的形式被纳入重复骨格。相同的发射基本形可彼此覆盖、透叠（图 4-12）。

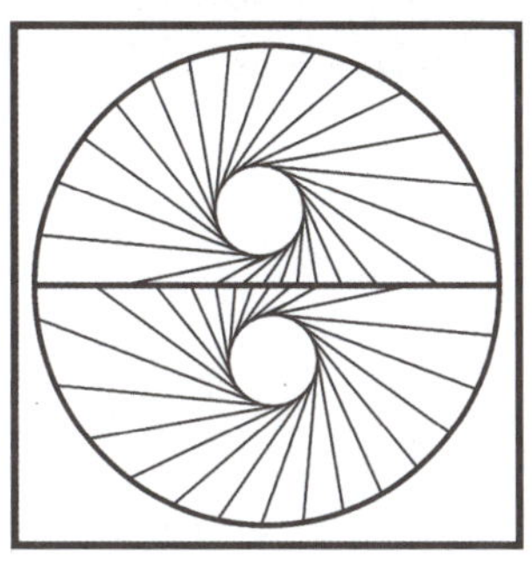
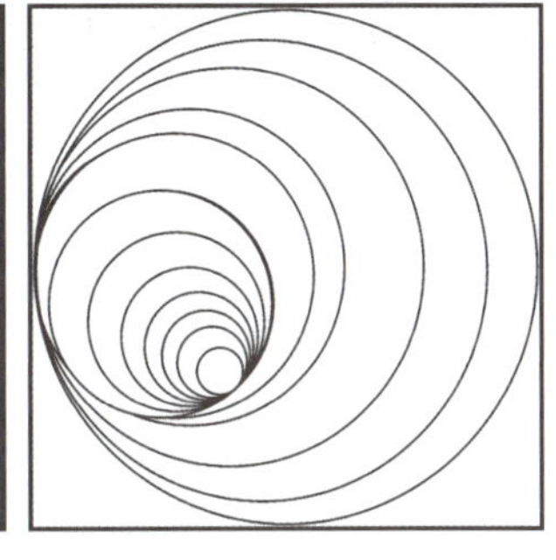

图 4-12　发射与重复

e. 发射与渐变。渐变骨格可叠入发射骨骼，发射骨格也可看成基本形而被纳入渐变骨格。任何规律性的发射骨格，都可以衍变为不规律的较自由的发射骨格。

将基本形纳入发射骨格，其性质可分为四种：

a. 以线为基本形。即骨格线为可见的线，将各组线分别纳入各骨格单位里（图 4-13）。

b. 作用性骨格中的基本形。作用性骨格线除确定各基本形的位置外，还用来分割背景或将逾线的基本形切除（图 4-14 和图 4-15）。

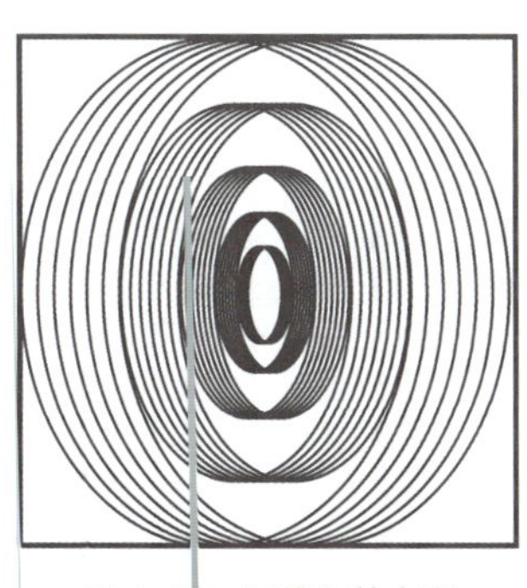

图 4-13　以线为基本形

图 4-14　作用性骨格

图 4-15　作用性骨格中的基本形

c. 非作用性骨格中的基本形。非作用性骨格线引导各基本形依次排列。基本形可以重复、渐变或近似。

d. 特大的基本形。如果基本形面积过大，超出任何的骨格单位，甚至盖住发射中心，则此类基本形可由非作用性骨格编排其位置和方向（图 4-16）。

图 4-16　特大的基本形

（2）非规律性骨格。在平面构成中，规律性不强或无规律可循的骨格构成形式被称为非规律性骨格（图 4-17）。其一般没有严谨的骨格线，构成方式比较随意。

（3）作用性骨格。作用性骨格使基本形彼此分成各自单位的界线，确定了形象准确的空间；基本形在骨格单位内可自由改变位置、方向、正负，甚至越出骨格线。

图 4-17　非规律性骨格

在作用性骨格中，骨格线将版面面积分割成若干具有相对独立性的骨格单位，形成多元性的空间，基本形移出骨格单位便受到分割。在这种骨格里，基本形不一定被固定在每一个骨格单位中，且基本形的数目及方向在每一个骨格单位中可变化，但最终版面必须能显示出骨格线的存在（图 4-18）。

图 4-18　作用性骨格

（4）非作用性骨格。非作用性骨格是概念性的，其骨格线有助于基本形的排列组织，但不会影响它们的形状，也不会将空间分割为相对独立的骨格单位（图 4-19）。

从以上分类可以看出，就版式设计原理而言，骨格其实就是版面构成中的栅格，是版面的框架。它就像乐章里的五线谱、学生作业本里的格子或一棵树的枝干，使一切设计元素和形式都有秩序地排列和组织。骨格决定版式设计中各元素的位置，决定基本形在版面中的关系，有助于设计者排列基本形，使之成为有规律、有秩序的构成。骨格的构成形式多种多样，为版式设计提供了极大的方便。

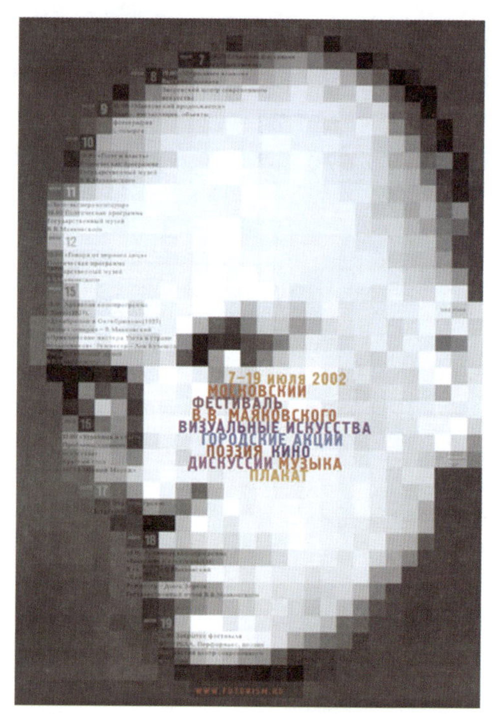

图 4-19　非作用性骨格

二、骨格式版面类型

骨格设计有助于形成明确的设计关系和清晰、易懂的版面。骨格经过相互混合后的版面，既理性有条理，又活泼且具有张力。反之，不懂得利用骨格，就会导致版面杂乱无章。但一定要注意：骨格仅仅只是设计的辅助工具，盲目地依赖骨格会使版面显得呆板、乏味。

骨格在设计的过程中具体表现为骨格线的排列，也称为骨格网。骨格网决定了版面中图文构成的形式。在版式设计中，文字、图片受骨格约束的程度，叫网格拘束率；版面上图片、文字所占的面积与空白面积的比率，叫空白率。网格拘束率和空白率是设计中两个很重要的因素，与设计作品的质量、个性、风格等直接关联。

常见的骨格式版面类型有对称式、非对称式、基线骨格和成角骨格版面四种。在运用骨格设计的同时，应适当打破骨格的约束，使版面活泼生动，这是骨格式版面的特殊类型——打破骨格设计。

1. 对称式骨格版面

对称式骨格版面是针对左右两个版面或一个对页而言，指左右两个版面拥有相同的页边距，相同的网格数量、相同的版面安排等。

（1）对称式栏状骨格。

①单栏对称式骨格。适用于纯文字型书籍，可适当在页面中配以图示，以缓解版面的枯燥感（图 4-20）。对称式骨格主要用来组织信息，平衡左右版面。

图 4-20　单栏对称式骨格

②双栏对称式骨格。适用于文学类书籍、杂志内页正文，可采用左边放置文字、右边放置图片的方法对版面重新进行划分，增强版面的变化性（图 4-21）。

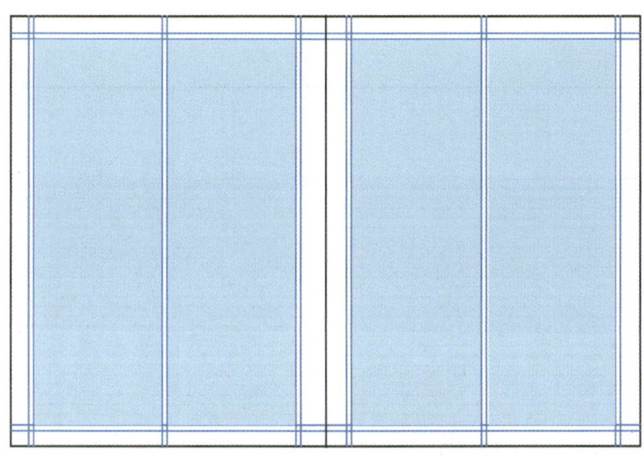

图 4-21　双栏对称式骨格

③三栏对称式骨格。适用于图文并茂类书籍、杂志内页正文，可将文字和图片交替混排，以增强版面的丰富性（图 4-22）。

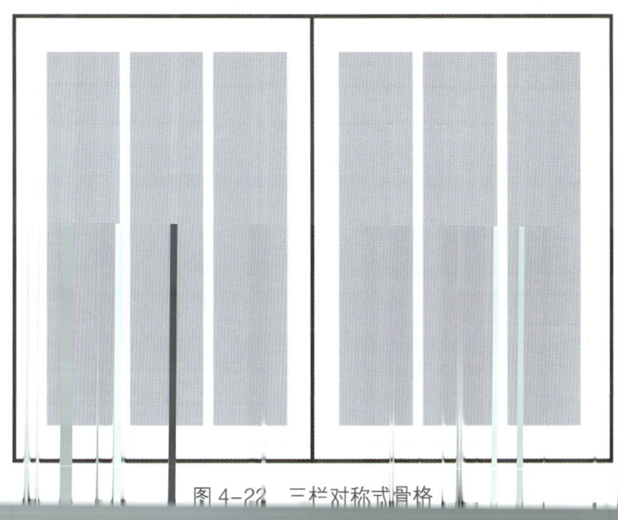

图 4-22　三栏对称式骨格

④多栏对称式骨格。适用于编排术语表、联系方式、目录、数据等，可以根据实际内容增加或减少栏数，但不适合编排正文（图 4-23）。

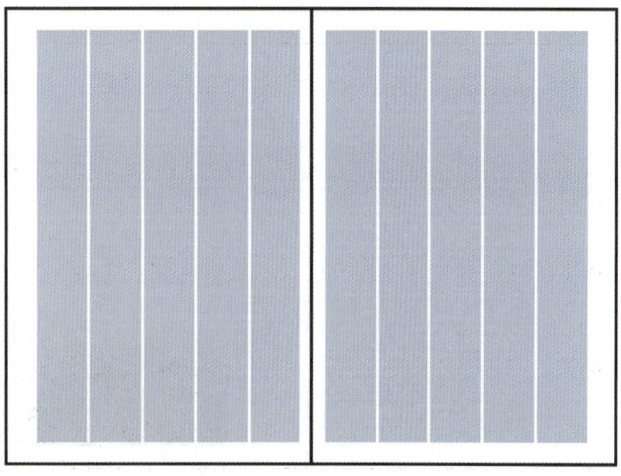

图 4-23　多栏对称式骨格

（2）对称式单元骨格。在版面编排中，可将版面分成同等大小的网格，再根据版面的需要编排文字与图片。这样的版面具有很大的灵活性，可以随意编排文字和图片。在编排过程中，单元格的间隔距离可以自由放大或者缩小，但是每个单元格四周的空间距离必须相等。

2. 非对称式骨格版面

非对称式骨格版面是指左右版面采用同一种编排方式，但并不绝对。在编排的过程中，非对称骨格形式可根据版面需要调整骨格栏的大小比例，使整个版面更活泼，具有生气。

非对称骨格主要分为非对称栏状骨格（图 4-24）与非对称单元骨格两种（图 4-25）。

3. 基线骨格版面

基线骨格通常不可见，但它却是版式设计的基础。基线骨格提供了一种视觉参考，它可以帮助设计师准确编排版面元素（如对齐页面），形成良好的版面效果（图 4-26）。

4. 成角骨格版面

成角骨格一般有一个或两个角度，可使版面结构最大程度地与阅读习惯相统一（图 4-27）。

成角骨格在版面中往往没有固定框架，骨格可以设置成任何角度。成角骨格的原理跟其他骨格类型一样，但是由于成角骨格是倾斜的，有利于设计师在版面编排时打破常规，展现自己的创意。

5. 打破骨格版面

打破骨格的约束可使版面更具自由性，但是也给版式设计带来了一定难度，需要设计师准确把握版面的平

图 4-24　非对称栏状骨格

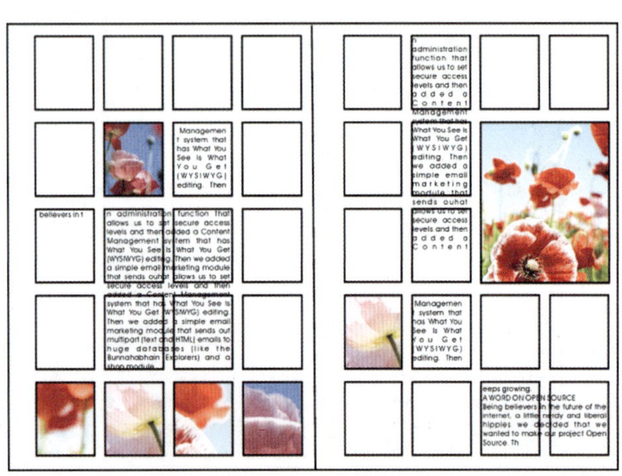

图 4-25　非对称单元骨格

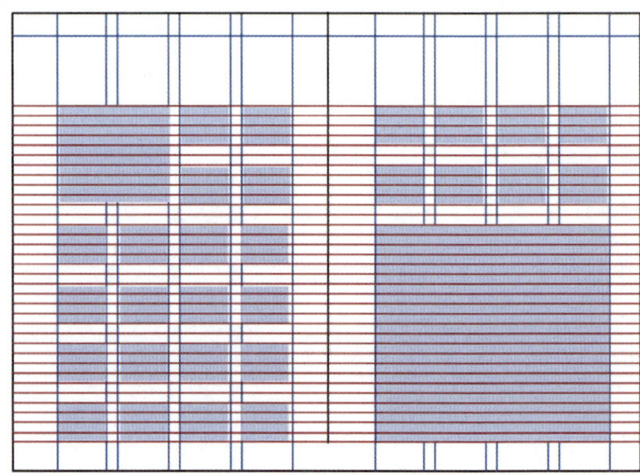

图 4-26　基线骨格版面

图 4-27　成角骨格

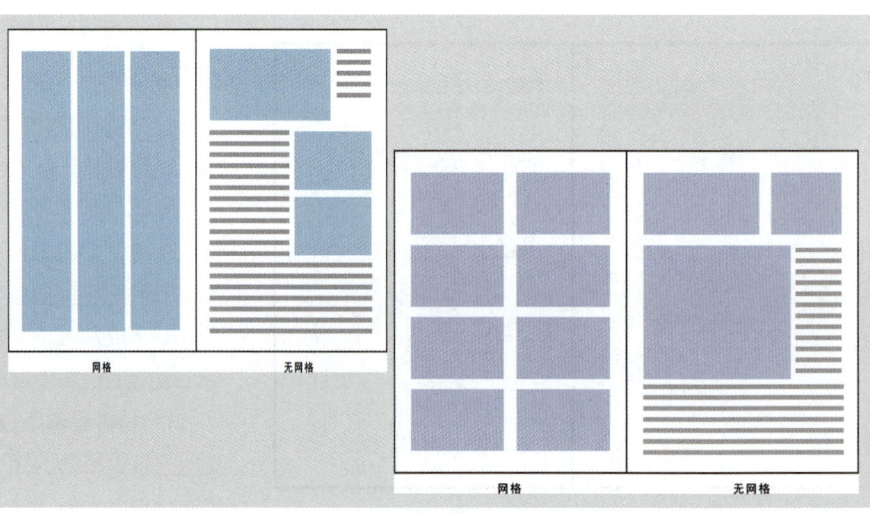

图 4-28　网格与无网格版面对比

在设计中，运用骨格进行一些破格或变异，形成不可见的网格，能收到意想不到的效果，可使版面更丰富、更新颖、更活泼（图 4-29）。

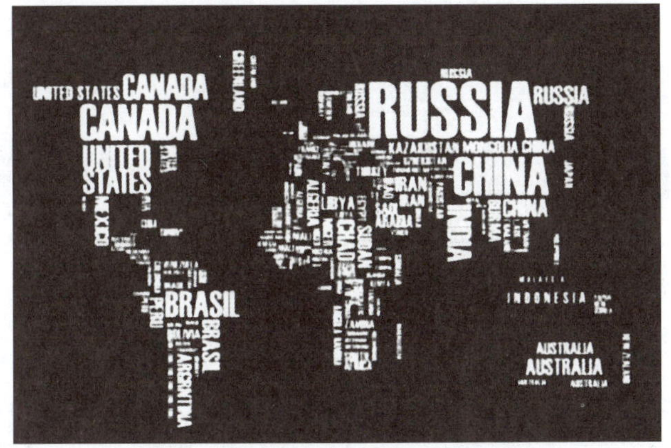

图 4-29　打破骨格版面

三、骨格式版式设计的方法

在版式设计中，合理利用骨格系统来组织版面上的内容能大大提高版面的精确性和美观性。骨格系统为更高层次的创作提供了一个框架，在很大程度上缓解了排版工作的压力。设计者利用骨格便于确定版面构成元素的位置、大小以及对齐方式，可以更加合理地进行编排设计。

骨格划分出的版面空间，其基本形态是用垂直线和水平线划分出的等面积矩形区域和其中的间隔区域，它们共同形成版面的行与列。基于行与列的变化多种多样，可将骨格设计形式分为水平式、水平与垂直式、倾斜式和数理分割式。

下面以正方形的九宫格骨格为例，介绍骨格设计的方法。

1. 九宫格骨格的构成要素

（1）3×3 结构的九宫格（图 4-30）。

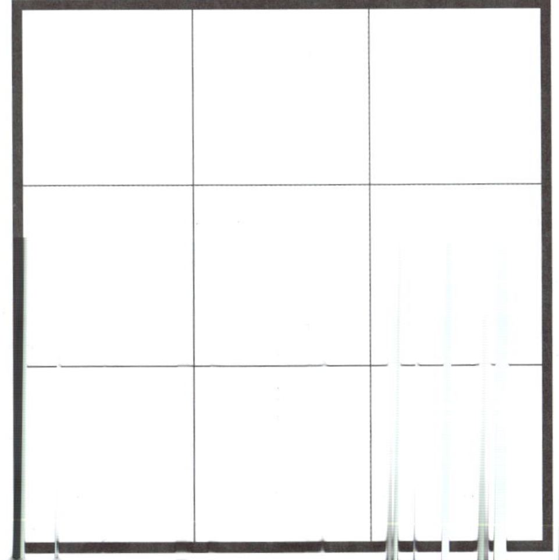

（2）6 个可灵活移动的灰色的矩形，用来代表文字区域（图 4-31）。

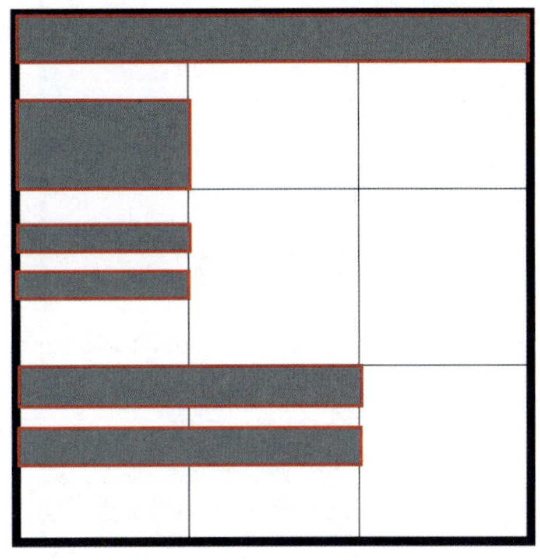

图 4-31　6 个矩形文字区域

（3）圆形区域（图 4-32）。

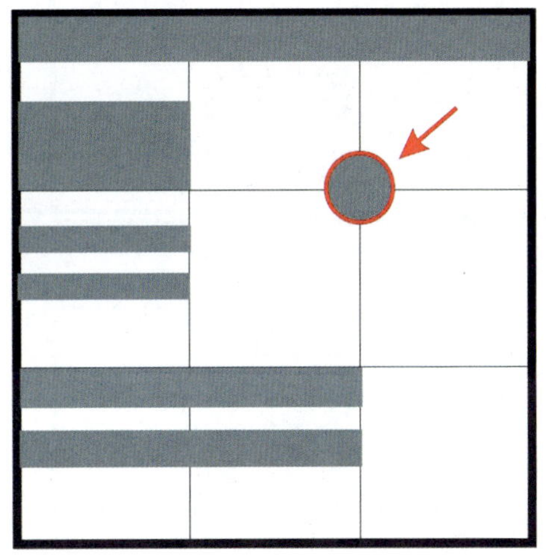

图 4-32　圆形区域

2. 九宫格骨格各要素的联系方式

九宫格骨格各要素的联系方式包括组合的联系、虚空间的联系、四边的联系、轴的联系、三的法则、圆与其他要素的联系。

（1）组合的联系。构成要素之间联系紧密，产生直接的视觉关系，相同或不同的要素组合在一起可产生韵律和节奏，具有肌理感，同时版面构成被简化，使虚空间或未被使用的空间区域得到强化，秩序鲜明（图 4-33 至图 4-36）。

①没有组合。如果没有组合，只有 7 个独立的视觉要素，版面缺乏组织，显得杂乱。

②有组合。构成要素的数量减少，结构简化，强化了虚空间。

③组合相同要素。相同宽度的矩形要素可以被组合

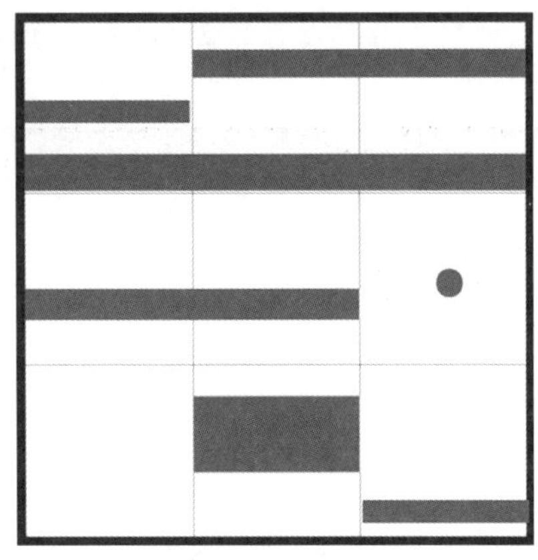

图 4-33　没有组合

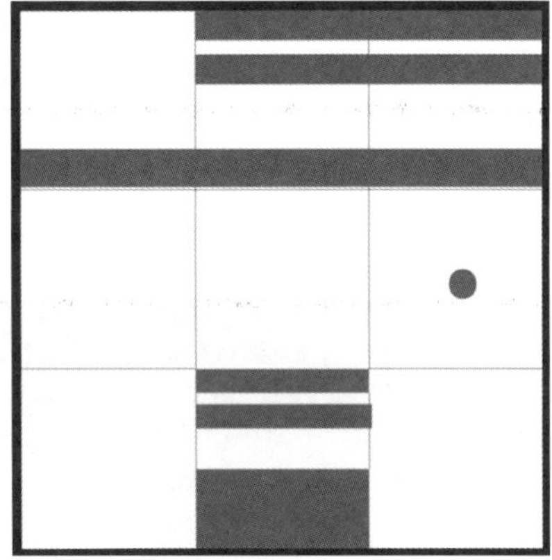

图 4-34　有组合

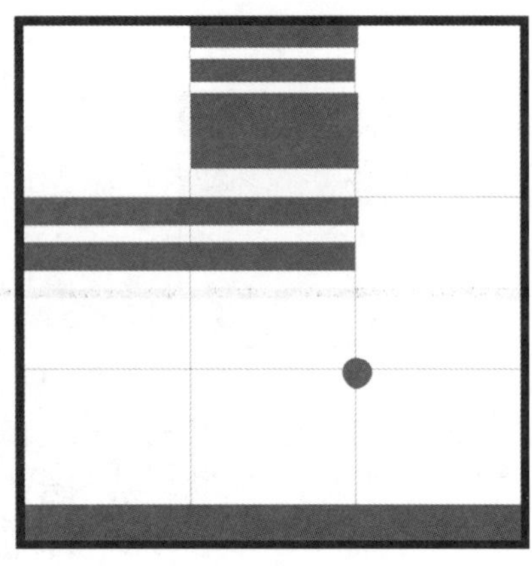

图 4-35　组合相同要素

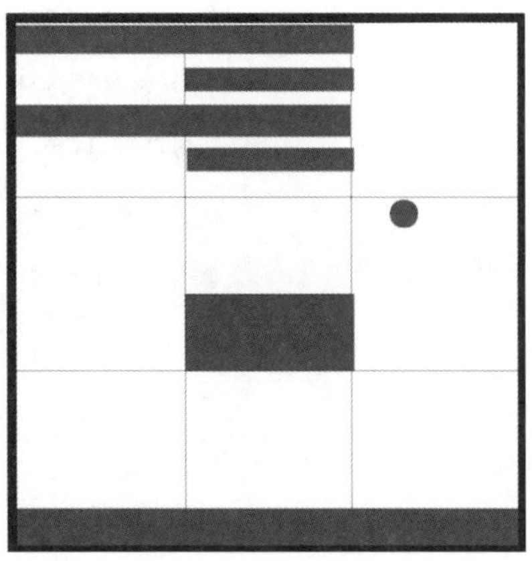

图 4-36　组合不同要素

④组合不同要素。不同宽度的矩形要素可以被组合在一起。

（2）虚空间的联系。当那些构成要素没有得到很好的组合，每一个要素周围都是虚空间时，那些虚空间就会显得杂乱，整体构成显得混乱无序。当那些构成要素组合在一起后，虚空间数量就会变少、面积变大，一个简化之后更加协调的整体构成就会建立起来。组合前后的效果对比如图 4-37 和图 4-38 所示。

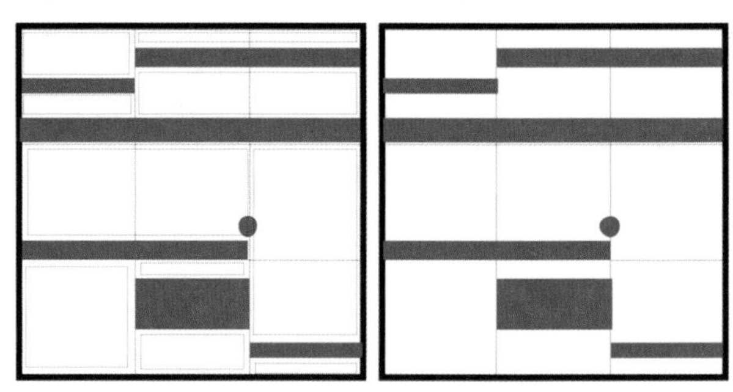

图 4-37　未组合

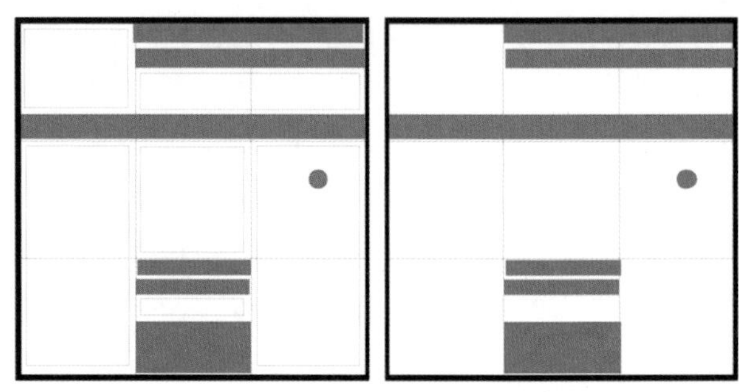

图 4-38　有组合

①未组合。版面呈现杂乱的虚空间。在这个没有组合的构成中，至少有 10 个空白矩形，整个版面显得无序，在视觉上缺乏吸引力。

②组合后。版面呈现简化的虚空间。在这个组合的结构中，有6个空白矩形。这些空间不仅在数量上有所减少，而且在面积上也变得更大，所有元素看起来更加舒适。

（3）四边的联系。如果没有任何构成元素靠近顶端边线和底端边线，虚空间就会挤占构成要素，整个结构会略显轻飘；相反，虚空间能被很好地利用，整个构成会因为这种视觉扩张而显得更加大气（图 4-39）。

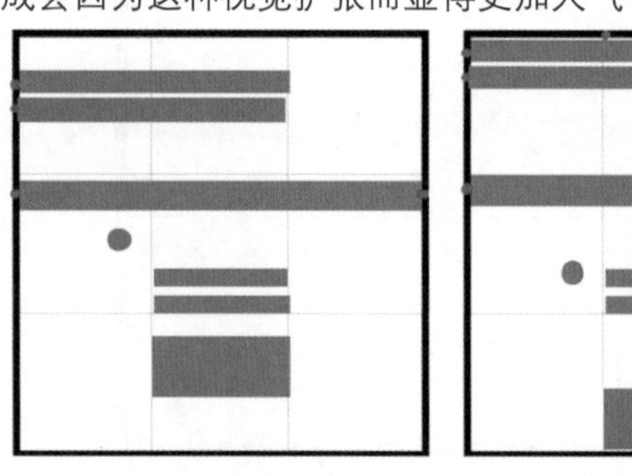

图 4-39　四边的联系

①弱的四边联系。由于没有要素连接顶线和底线，沉重而呆滞的空白空间就填充了这个构成的顶和底。

②强的四边联系。由于构成元素与版面四边都有接触，所有空间都被激活，版面看起来很舒展（图4-40）。

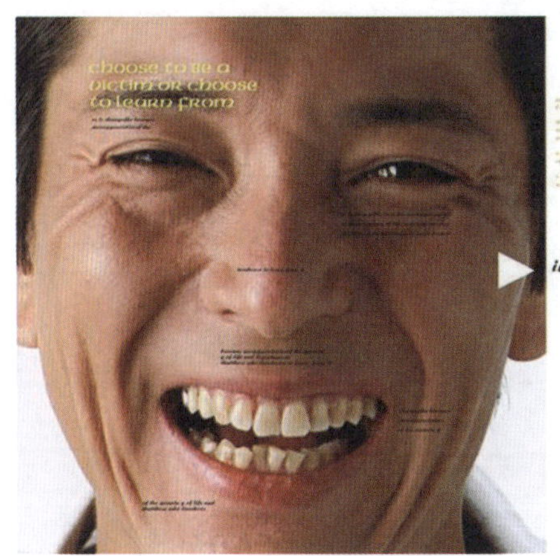

图4-40 强的四边联系

（4）轴的联系。骨格网格中的构成要素会形成一些轴列，当一根轴出现在结构内部时，就形成了鲜明的视觉关系，结构就有了视觉秩序感。左边线和右边线的轴虽然也能带来秩序感，但视觉效果较弱。单独一个构成要素不能建立一根轴，两个或更多的构成要素才能建立轴。一般而言，呈线性排列的要素越多，轴就会显得越突出。

①弱的轴联系。在图4-41（a）中，轴联系很弱，轴在左边线上，使视觉偏离版面。

②强的轴联系。在图4-41（b）中，中间一栏上的轴在视觉上让人感觉秩序性强，因为有更多的构成要素呈线性排列在这根轴上。强的轴联系如图4-42所示。

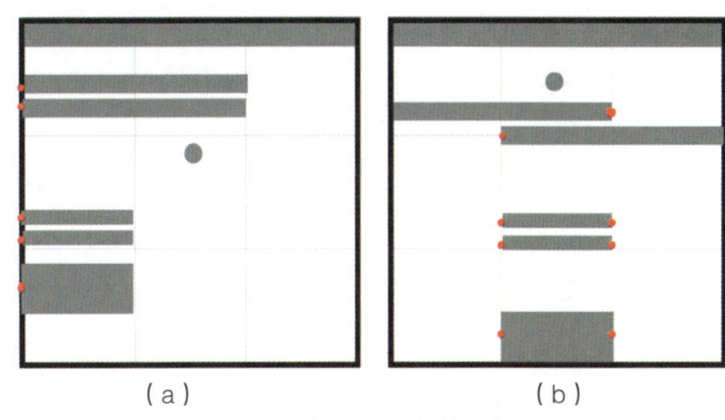

图4-41 轴的联系

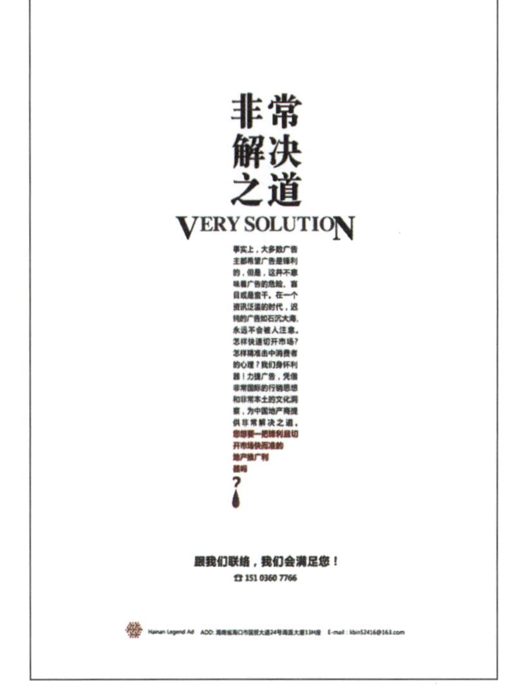

图4-42 强的轴联系

（5）三的法则。3×3的网格系统符合三的法则，即当一个矩形或者正方形在水平和垂直方向各分成三份后，结构中的四个交点就是最吸引人的四个点。了解三的法则，可以帮助设计师把注意力放在这几处最醒目的地方，从而把握构成空间。需注意的是：不必将构成要素直接放在交点上，因为过于靠近会使人们的注意力集中到它们上面（图4-43）。

（6）圆与其他要素的联系。圆在不同构成位置具有不同作用：当圆靠近字行时，能吸引人注意这些字行，同时还有装饰的效果；当圆在字行中间时，其作用是隔离字行，同时对字行有组织作用；当圆远离字行时，它可以吸引观者目光，控制视觉流程，构成趣

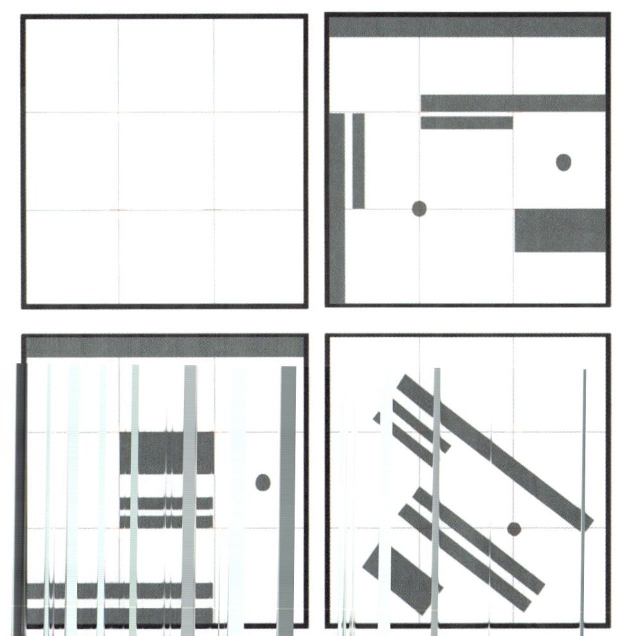

圆有以下潜在的功能：

①激活空间。当圆在狭窄的空白空间中占据了一个位置时，这个空间就变得活跃起来，并产生一种强烈的不对称感，使版面趣味无穷，如图 4-44 所示。

②平衡放置并成为轴的支点。当圆的位置显示了它和骨格的联系时，就会产生一种视觉平衡，从版面的四周来看，这个圆也是轴的支点，如图 4-45。

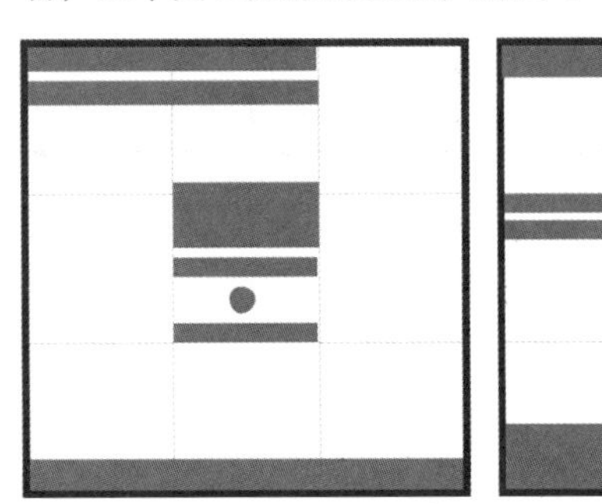
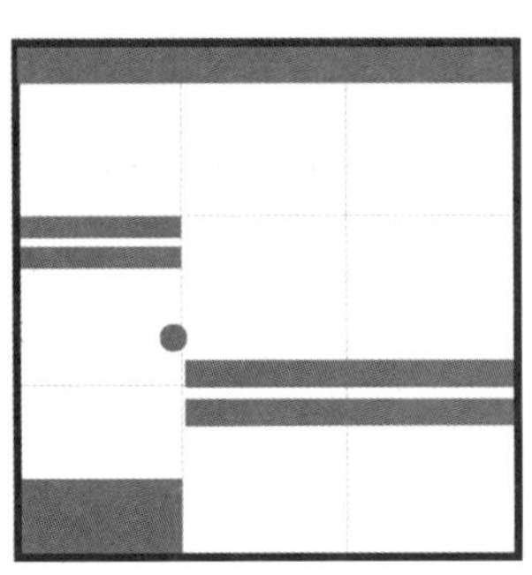

图 4-44　圆具有激活空间的作用

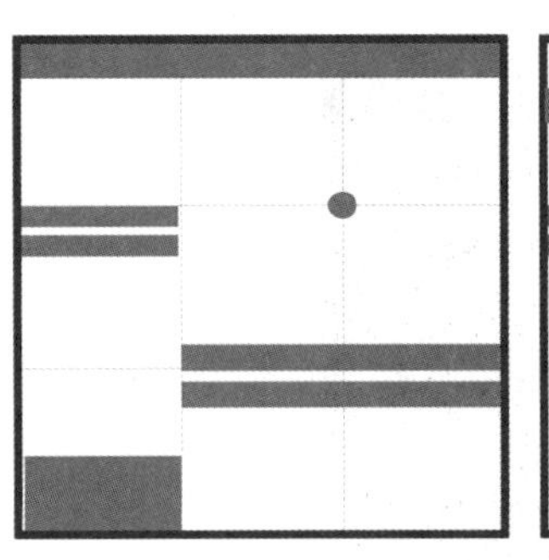
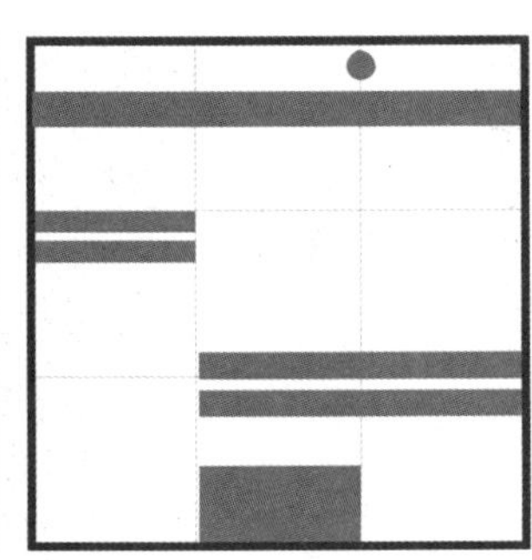

图 4-45　圆在版面中的视觉平衡作用

③形成张力。当圆放在与其他构成要素非常接近的位置时，就会使版面产生视觉张力。例如当圆靠近一个近 90° 角时，会强化其形状和张力，如图 4-46 所示。

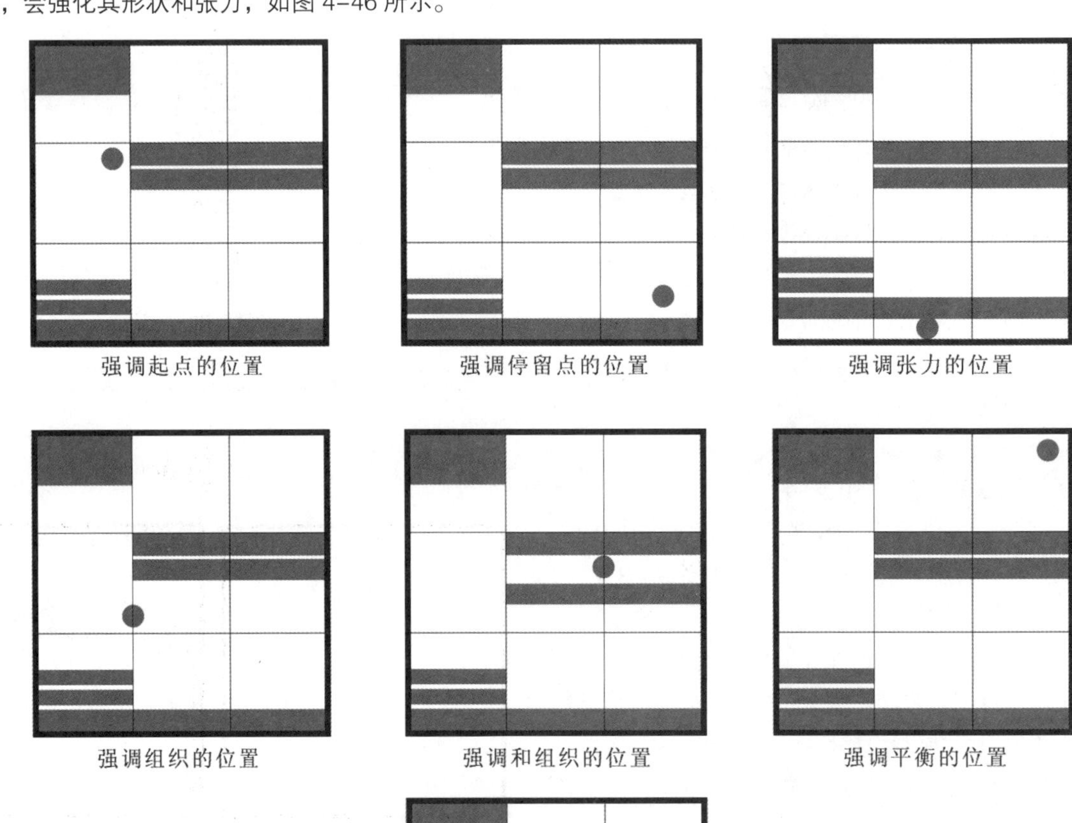

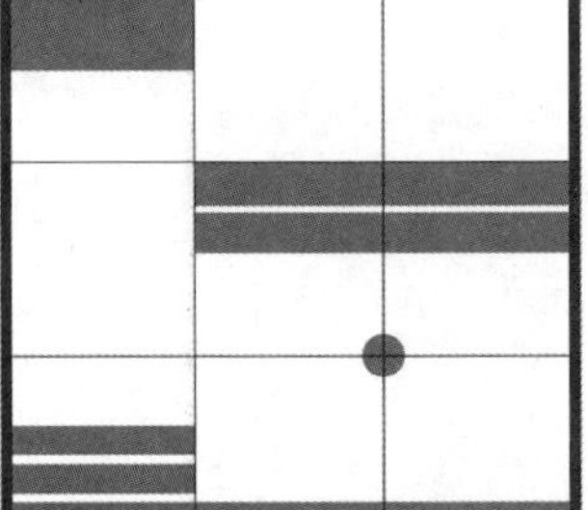

图 4-46　圆在版面不同位置的作用

3. 九宫格骨格要素排列的要求

基于要素排列组织的理念，在对九宫格骨格进行要素的安排和布置之前，还要满足以下要求（图 4-47 至图 4-50）：

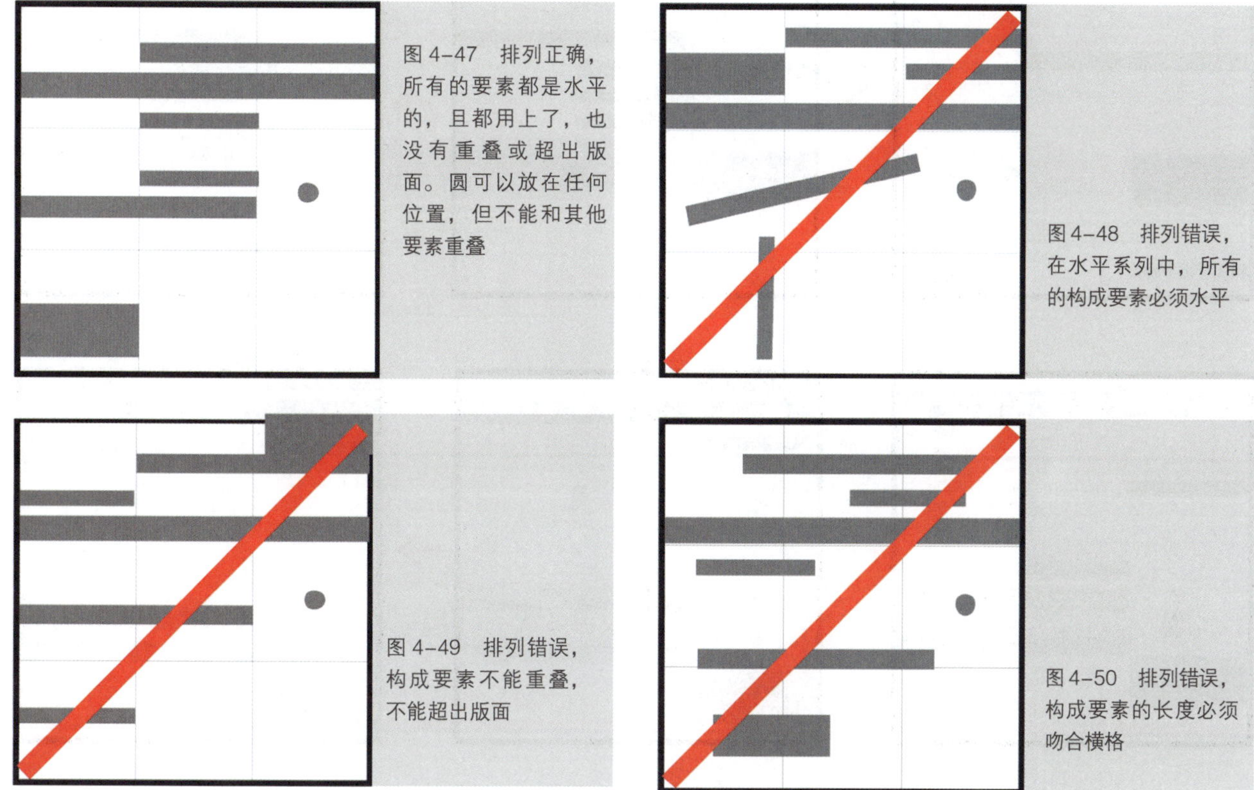

图 4-47 排列正确，所有的要素都是水平的，且都用上了，也没有重叠或超出版面。圆可以放在任何位置，但不能和其他要素重叠

图 4-48 排列错误，在水平系列中，所有的构成要素必须水平

图 4-49 排列错误，构成要素不能重叠，不能超出版面

图 4-50 排列错误，构成要素的长度必须吻合横格

（1）在水平系列中，所有的矩形要素必须保持水平。

（2）在水平系列或垂直系列中，所有的矩形要素必须保持水平或垂直。

（3）在倾斜系列中，所有的矩形要素必须同样倾斜或对比性倾斜。

（4）所有的矩形要素都必须使用。

（5）所有矩形要素都不能超出这个版面。

（6）矩形要素可以近似相切，但不能重叠。

（7）矩形要素的长度要正好符合一个、两个、三个视觉方块的宽度。

4. 九宫格骨格设计方法

（1）水平式。将最长的构成要素（横跨版面三个格子的长矩形）按照其不同的放置位置划分出三种处理方式（图 4-51）：长矩形放置在版面顶部位置、长矩形放置在版面底部位置和长矩形放置在版面内部位置。

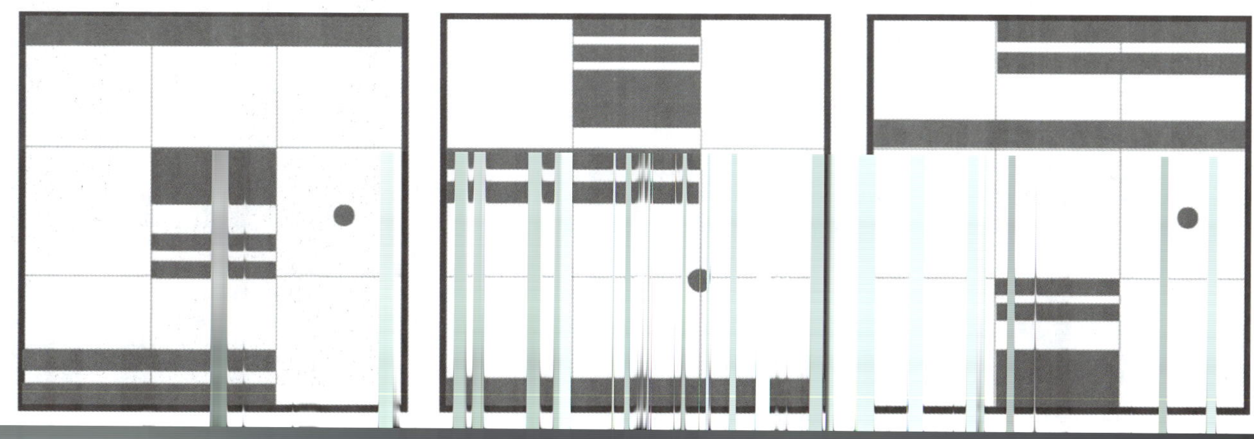

①长矩形放置在版面顶部位置及其效果分析。紧挨版面的顶边，或是非常接近，如图 4–52 所示。

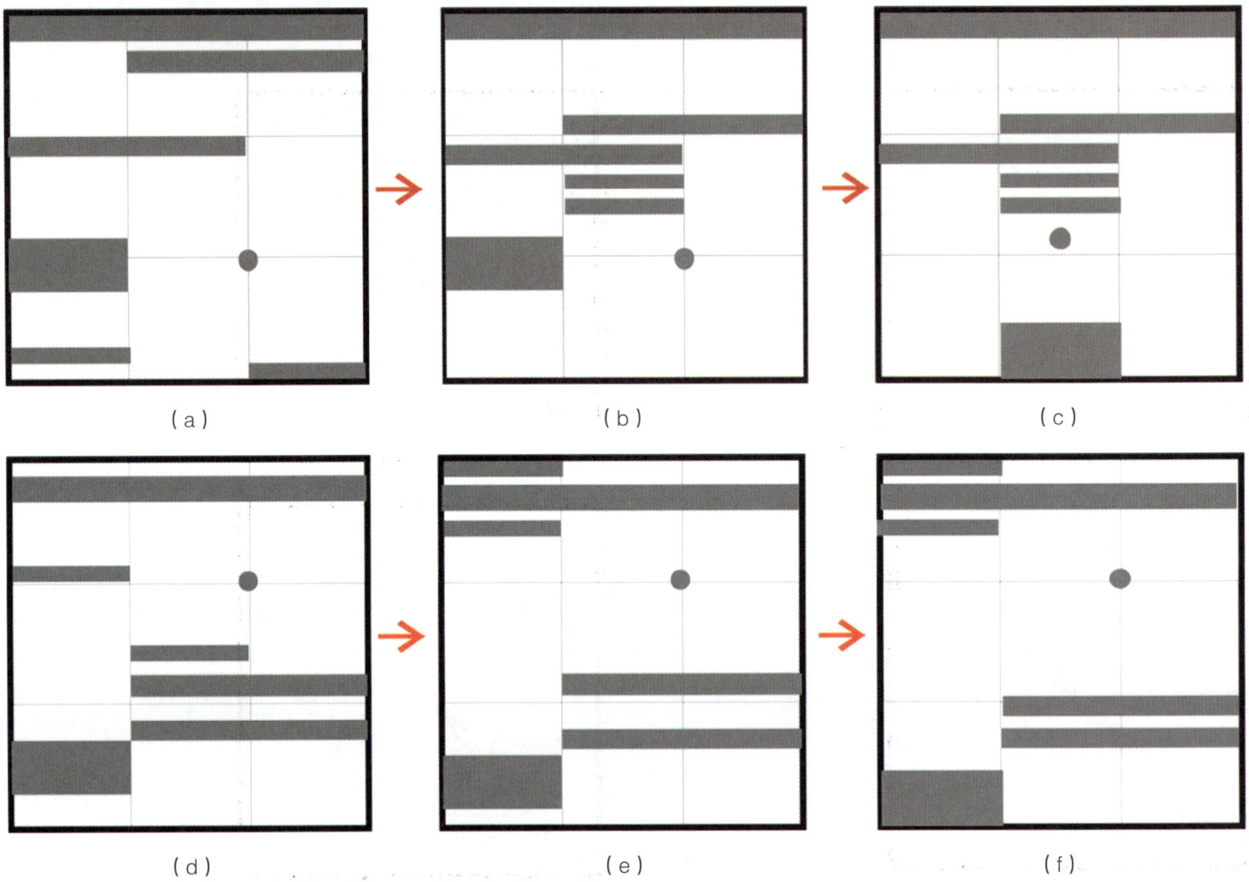

(a)　(b)　(c)

(d)　(e)　(f)

图 4–52　长矩形放在版面顶部

(a) 要素需要更紧密地组合，从而简化构成，而且内部的轴列也需要加强；(b) 两个中等矩形仍然各自左右偏移，但它们变得更加紧密，而且两个小矩形也组合得较好；(c) 宽矩形被安排在版面底端中部来固定版面，而且圆被放到了版面的中心，强化了中间一栏的轴列；(d) 版面少了内部的协调感，顶部留下了虚空间，感觉沉闷；许多要素没有组合，显得杂乱，并且没有很好地利用底端；(e) 把短矩形放置在长矩形上方并接触顶边，使虚空间被激活，同时对下边的短矩形进行了组合；(f) 将中矩形的行距缩小，减少了虚空间，最宽的短矩形沉底，视觉效果更加开阔。

实例一：将放置在顶部位置的长矩形替换为文字，如图 4–53 所示。

实例二：将长矩形放置在顶部位置，如图 4–54 所示。

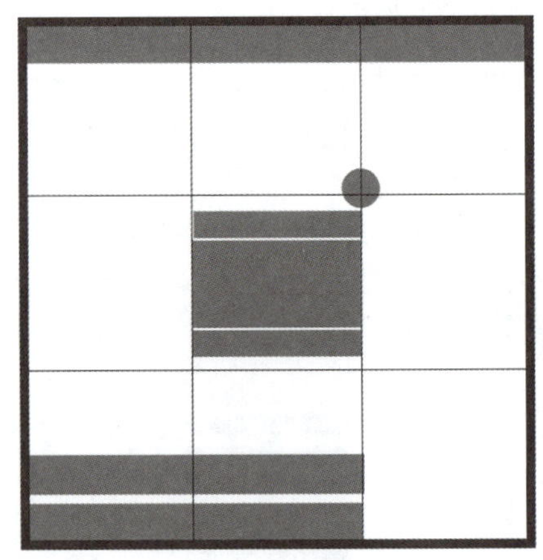

图 4–53　实例一

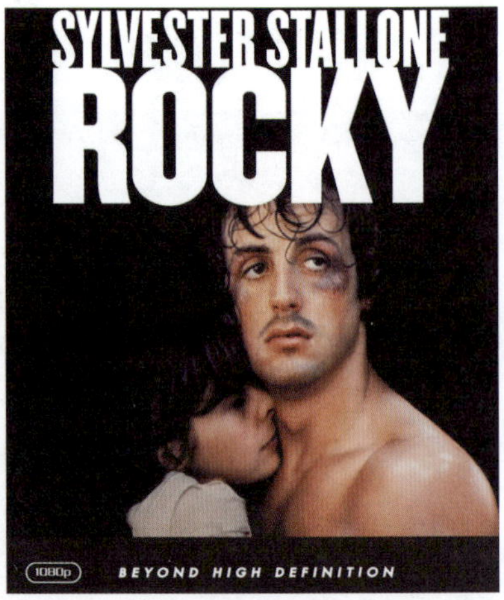

图 4–54　实例二

②长矩形放置在版面底部位置及其效果分析。底部是最稳定的放置位置，而且能给其他要素带来稳定性，使其他的要素可以在上面的空间里自由移动，如图 4-55 所示。

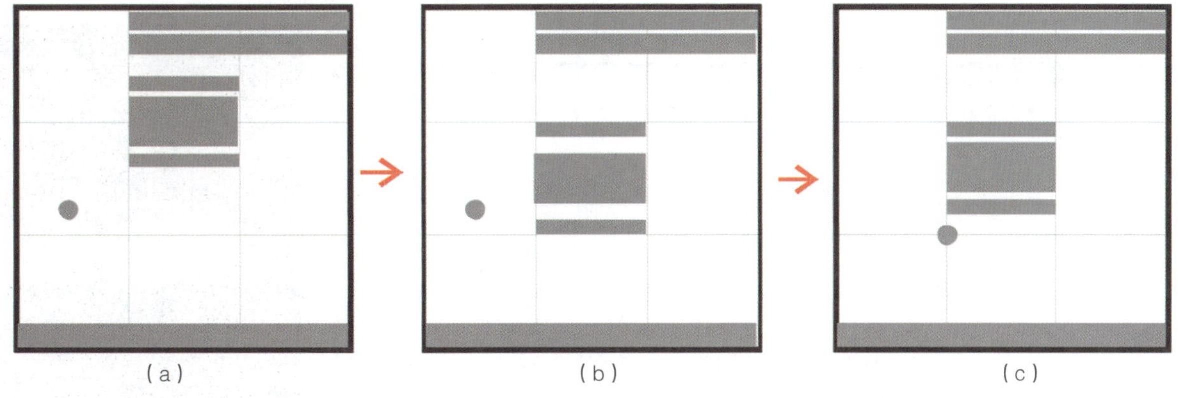

图 4-55　长矩形放在版面底部

（a）版面已经具有一定的协调性；（b）三的法则表明，四个交点最能引人注意；（c）调整行距及圆的位置后得到的结果。

实例一：将放置在底部位置的长矩形替换为文字，如图 4-56 所示。

实例二：长矩形放置在底部位置，如图 4-57 所示。

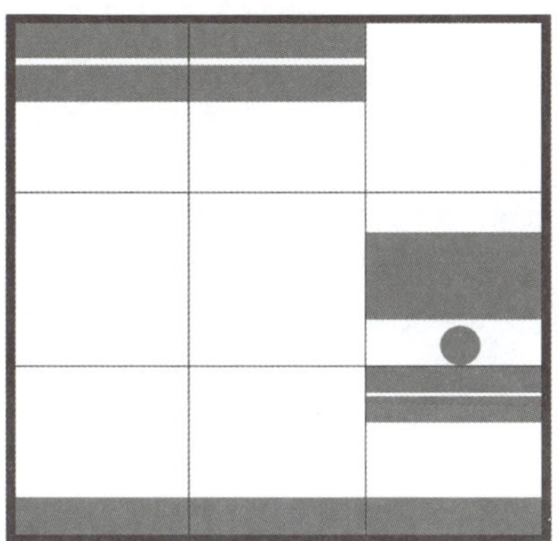

图 4-56　实例一

图 4-57　实例二

③长矩形放置在版面内部位置及其效果分析。长矩形放在版面内部的位置是可变的。由于长矩形将版面分割成两个较小的矩形，如果没有其他的构成要素放置在它们周围，版面就会显得沉闷。因此，这两个矩形中至少各放一个构成要素，整个空间才会被激活，如图 4-58 所示。

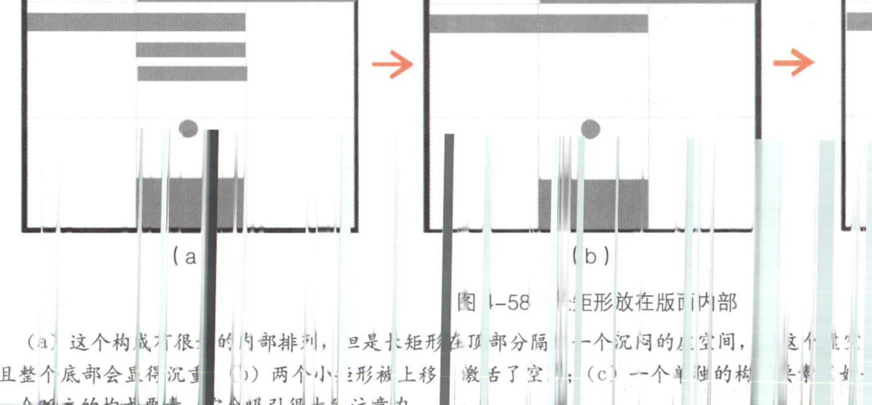

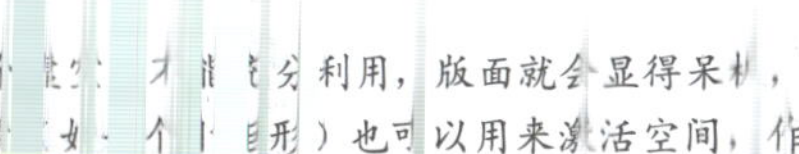

图 4-58　长矩形放在版面内部

（a）这个构成有很好的内部排列，但是长矩形在顶部分隔出一个沉闷的底部空间，如果这个空间不能被充分利用，版面就会显得呆板，而且整个底部会显得沉重；（b）两个小矩形被上移，激活了空间；（c）一个单独的构成要素（如一个小矩形）也可以用来激活空间，作为一个独立的构成要素，它会吸引很大的注意力。

实例一：将放置在内部位置的长矩形替换为文字，如图 4–59 所示。

实例二：长矩形放置在内部位置，如图 4–60 所示。

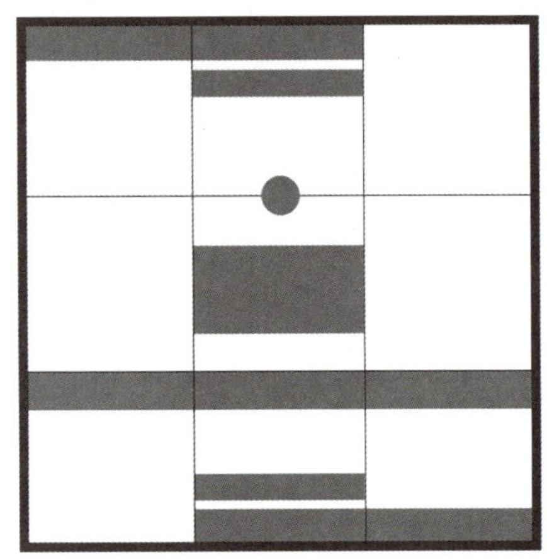

图 4–59 实例一

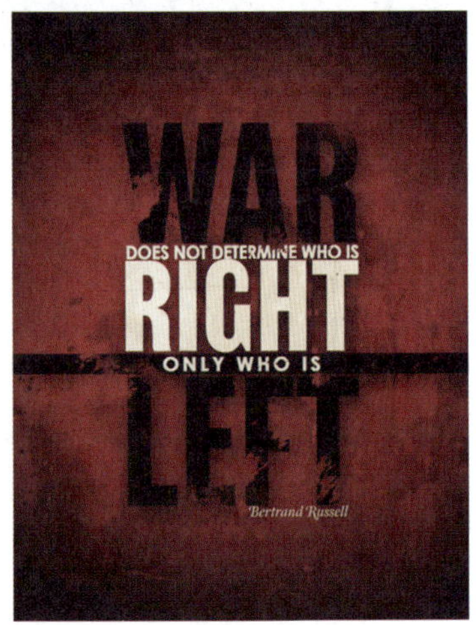

图 4–60 实例二

（2）水平与垂直式。根据长矩形旋转的方位，水平与垂直式构成可分四种方式：

①长矩形在版面顶部的位置。

②长矩形在版面底部的位置。

③长矩形在版面左边或者右边的位置。

④长矩形在版面内部的位置。

水平与垂直构成的旋转。每一个构成都可以通过旋转来产生三个新的构成，如图 4–61 所示。

水平与垂直构成的阅读导向。不管是从底部向顶部，还是反之，文字的阅读导向都需要和其他要素的阅读导向一致，如图 4–62 所示。

顺时针阅读导向。垂直字行已经确定了导向，所有要素都应以顺时针导向进行设计，这样有利于读者的阅读，如图 4–63 所示。

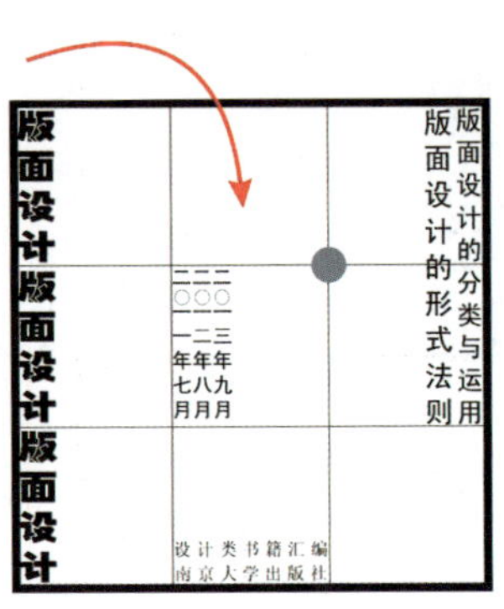

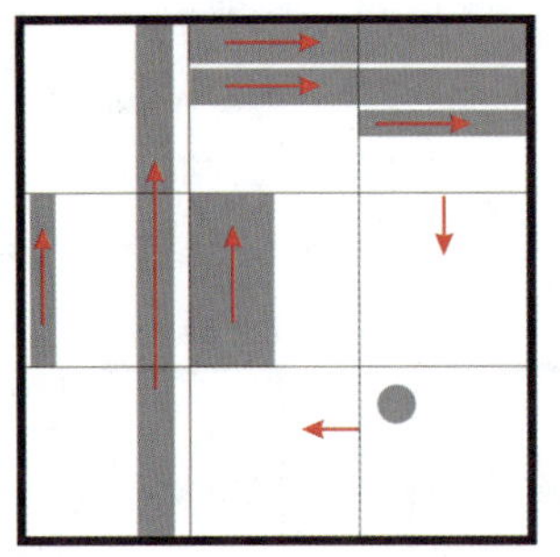

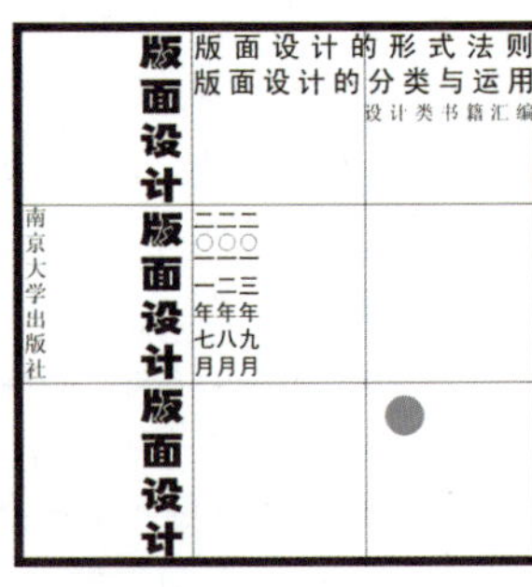

图 4–62 水平与垂直构成的阅读导向

图 4–61 水平与垂直构成的旋转

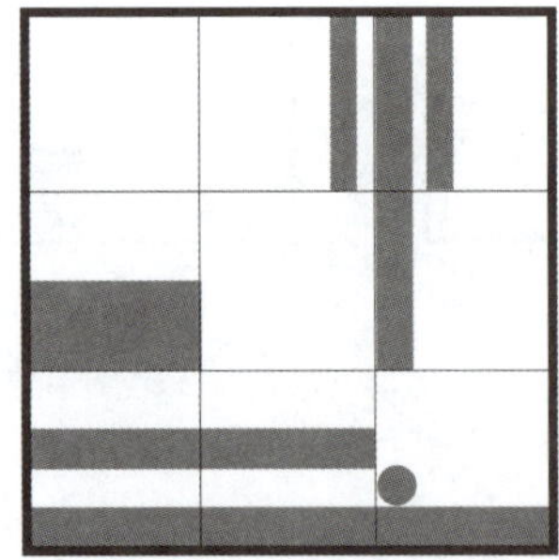

图 4–63 顺时针阅读导向

实例一：长矩形在版面底部放置小样，如图 4–64 所示。

图 4–64　长矩形在版面底部放置小样

实例二：长矩形在版面内部水平放置小样，如图 4–65 所示。

实例三：矩形在版面内部垂直放置，如图 4–66 所示。

图 4–66　矩形在版面内部垂直放置

此外，两个中等矩形垂直放置，导向相同，虚空间较少，版面简洁，统一感较强。

实例：水平或垂直构成案例，如图 4–67 所示。

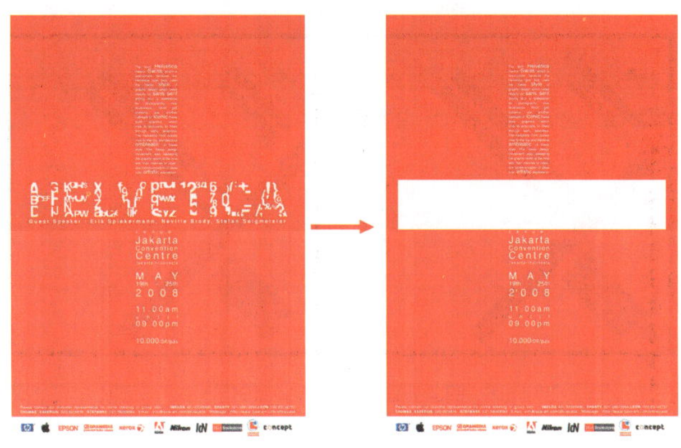

图 4–67　水平或垂直构成

（3）倾斜式。可以采用 30°、45°、60° 斜线布置构成要素，构成要素可以顺时针或逆时针旋转，如图 4–68 所示。

倾斜式构成是各种构成中最复杂的一种，构成要素可以导向一致，也可以导向冲突，由此形成的空间空间均呈三角形。同一导向 45° 如图 4–69 所示，冲突导向 45° 如图 4–70 所示。

3×3 网格放置的位置可以变化，而且利用版面的四条边能够创造出张力。因为倾斜式有动态性质，当倾斜靠近一条边时，版面中就会产生运动感；当圆变成一个起点或终点时，可以增强这种动态性质。例如，图 4-71 所示版面没有张力，构成元素浮在版面中间，其四条边周围都是虚空间；图 4-72 所示版面张力出现在左上角；图 4-73 所示版面张力出现在右边和底边；图 4-74 所示版面将圆放在底边使版面产生了张力。

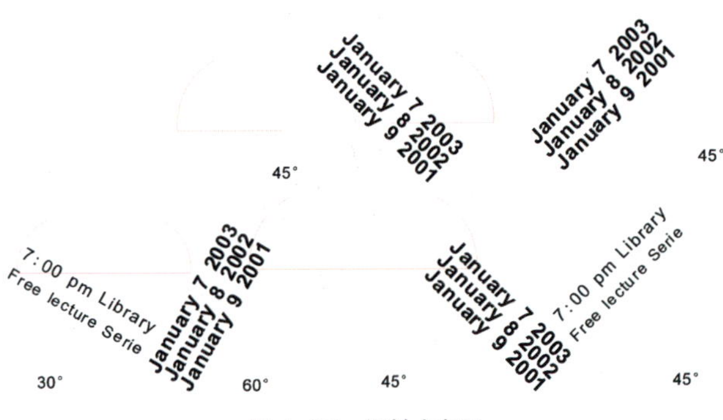

图 4-68　倾斜式布置

图 4-69　同一导向 45°

图 4-70　冲突导向 45°

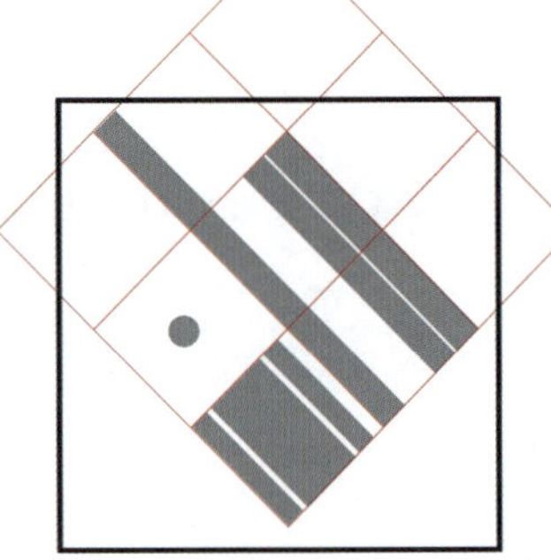
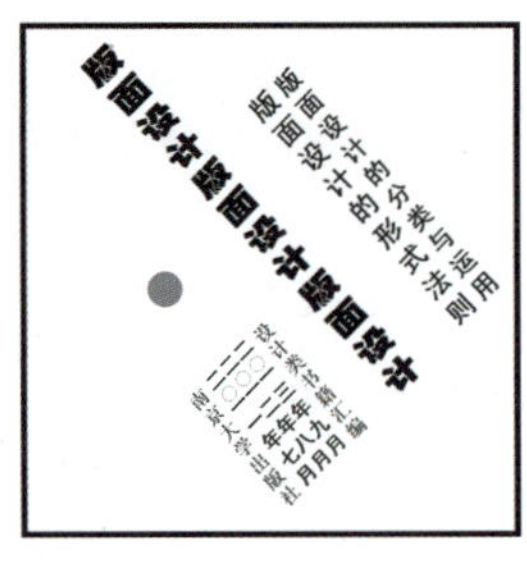

图 4-71　缺少张力的倾斜式版面

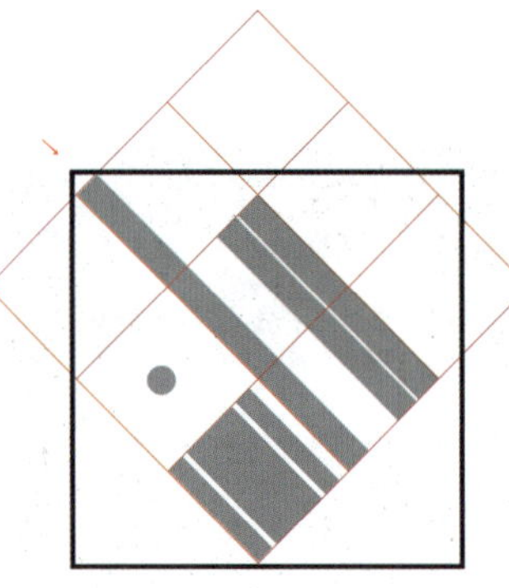
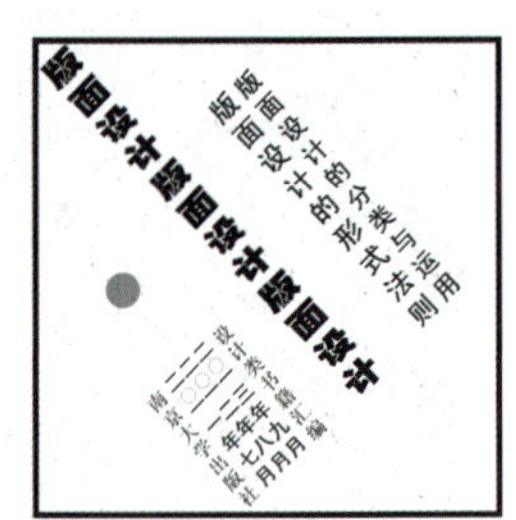

图 4-72　张力出现在左上角的版面

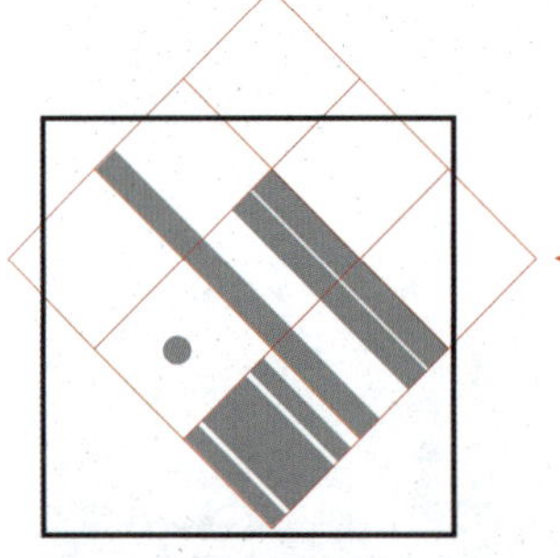

图 4-73　张力出现在右边和底边的版面

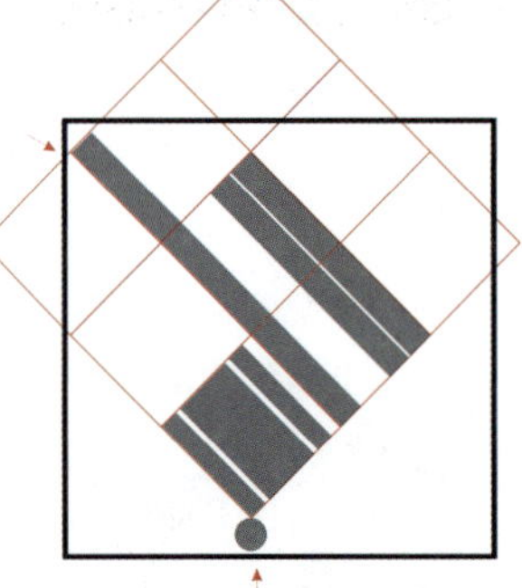
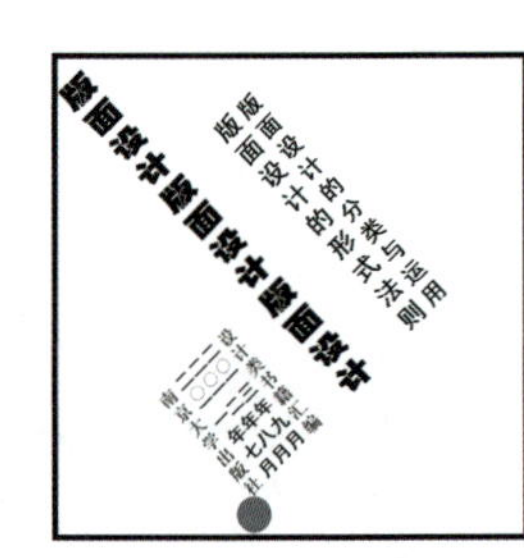

图 4-74　圆放在底边使版面产生了张力

（4）数理分割式。

①黄金分割式，即把一条线段分割为两部分，使其中一部分与全长之比等于另一部分与该部分之比。其比值是一个无理数，用分数表示为（$\sqrt{5}-1$）/2，取其前三位数为 0.618。由于按此比例设计的造型十分美丽，因此人们称其为黄金分割比，也称中外比。这个比例的分割点就叫黄金分割点。通过简单的计算可以发现：（1-0.618）/0.618 ≈ 0.618，即一条线段上有两个黄金分割点（图 4-75）。世界上有很多杰出的艺术作品都不自觉地体现了对黄金分割原理的应用，比如埃及的金字塔、油画作品《蒙娜丽莎》等。这一原理在现代设计中已得到广泛应用。

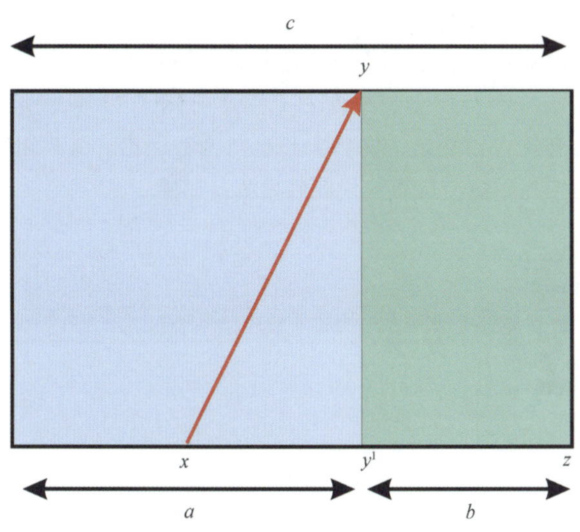

图 4-75　黄金分割线

②斐波纳契数列分割式，即 1、1、2、3、5、8、13、21、34 等。斐波纳契数列中的斐波纳契数会经常出现在自然界中，比如榛子、梨、某些花朵的花瓣数（如向日葵花瓣）、蜘蛛网、蜻蜓翅膀等，还有延龄草、玫瑰、血根草、大波斯菊、金凤花、百合花、蝴蝶花等花瓣的排列等。

在自然界中，斐波纳契数列似乎是植物排列种子的自然“优化方式”，它能使所有种子大小相近却又疏密得当，不至于在圆心处挤太多的种子而在圆周处却分布稀疏；叶子的生长方式也是如此。

自然现象给版式设计带来了很多的灵感，如等角螺线、十二平均律等（图 4-76）。

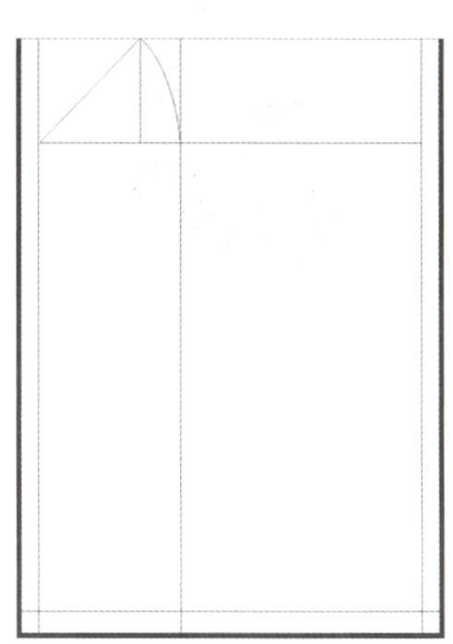

图 4-76　数列分割在版式设计中的应用

③根号 2 比例约为 1.414，近似的有 8 ∶ 5 = 1.6，13 ∶ 8 = 1.625。

图 4-77 所示为版面分割样式，红色部分为根号 2 分割线，绿色部分为黄金分割线，天蓝色部分为九宫格分割线。图 4-78 所示则是按照根号 2 比例进行编排的长方形版面。

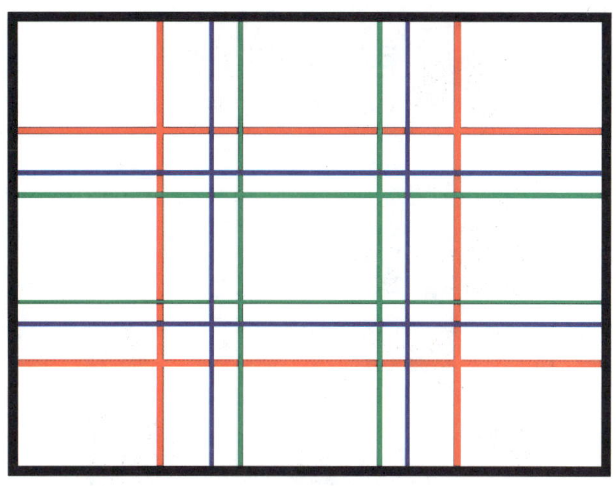

图 4-77　版面分割样式

图 4-78　根号 2 比例版面

第二节　其他形式版式设计

版式设计除了应用最为广泛的骨格式外，还有其他一些比较重要的设计形式，这里主要介绍以下十种。

一、满版式

满版式是指图片占据主要版面，在适当位置直接嵌入标题、说明文字等。这是一种现代感很强的版式设计形式，其图片的艺术质量至关重要，而其他构成要素的位置、大小等也需要精心安排。

满版式主要以图像为诉求点，文字配置在上下、左右或中部的图像上，也可将部分文字压置于图像之上，视觉传达效果直观而强烈。满版式给人以舒展、大方的感觉，是商品广告常用的形式。随着网络的普及，这种版面形式在网页设计中的运用越来越多（图 4-79）。

图 4-79　满版式版面

二、中轴式

中轴式是一种对称的构成形式，标题、图片、说明文字与标题图形放在轴心线或图形的两边，具有良好的平衡感。根据视觉流程的规律，在设计时要把诉求重点放在版面左上方或右下方。

1. 纵轴式

纵轴式构图是把各种设计元素基本放在轴心线上或者两边。版面的纵轴线可以是有形的，也可以是无形的。纵轴式版面具有良好的平衡感，若使轴线两侧各要素产生大小、深浅、冷暖等的对比、变化，可呈现出动感（图 4-80）。

图 4-80　纵轴式版面

2. 横轴式

横轴式构图是将各设计元素做横轴方向的排列，文案编排在版面上下或左右（图 4-81）。水平排列的版面给人以稳定、安静、和平与含蓄之感，而采用动感图片则会使版面给人以强烈的运动感。

图 4-81　横轴式版面

三、曲线式

曲线式是指一个版面中的图片或文字在排列结构上呈曲线排列，所产生的节奏和韵律如同楼梯或者旋梯，给人以起伏跌宕之感。这种版面会给读者带来视觉上的跳跃感，让人的视线随着版面上元素的自由走向而产生变化，十分有趣（图 4-82）。曲线式是需要谨慎使用的一种设计方式，如使用不当，会导致整个版面杂乱无章，层次混乱。

图 4-82　曲线式版面

四、分割式

在平面构成中，把整体分成部分叫分割。分割是版式设计中的重要表现手法，可以灵活地调整版面，对版面进行一些取舍再拼接，形成另一种风格的版面。下面介绍三种常用的分割方法：

（1）等形分割。分割形状完全一样，分割后再调整分割线，以达到一种良好的效果，如图 4-83 所示。

图 4-83　等形分割版面

（2）自由分割。自由分割就是不规则、无限制地分割版面，与按数学规则分割产生的整齐效果完全不同，其版面给人一种活泼、不受约束的感觉，如图 4-84 所示。

图 4-84　自由分割版面

（3）按比例与数列分割。利用比例关系分割的版面通常秩序明朗，给人以清新的感觉，如图4-85所示。

分割式版式设计采用分割后拼凑的设计方法，以一种打破常规的版面构成形式，在视觉上吸引人们注意，具有活跃的版面效果。

五、自由式

自由式版式设计起源于欧美，一直盛行不衰，其在文字、图像、图形编排时不受栏的限制，无规律而随意性强，给人以活泼、轻快的感觉；版面的变化丰富多样，独立性较强。

自由编排是为了打破以往的条条框框，动静结合，使版面更趋活泼、新奇。自由式设计极具前卫意识，追求荒诞、原始美、非理性，重在自我情感的抒发，对现代主义追求和谐、典雅的理性思维方式产生了强烈的冲击，从而掀起了一场设计界的大变革，被视为后现代主义设计思潮的滥觞，开创了一个全新的设计领域。

当然，需要注意的是，自由编排并不是追求版面杂乱无章、支离破碎，更不是故弄玄虚、变幻莫测，自由编排同样需要遵循一定的规律，以保持版面的完整性，如图 4-86 所示。

图 4-86　自由式版面

六、倾斜式

倾斜式是指版面的主体形象或多幅图片、文字呈斜线布置。在倾斜式版面中，人们的视线会沿斜线方向移动，版面给人以强烈的动荡、不稳定感，引人注目，有很强的视觉诉求力。

在运用倾斜式版式设计网页时要注意，将重点元素倾斜排列虽然可以迅速吸引人的注意（图 4-87），但不宜将所有元素都倾斜排列，否则会给人以摇摇欲坠、重心不稳的感觉。

七、对称式

对称式版面给人以稳定、庄重、理性的感觉。对称分绝对对称和相对对称，一般多采用相对对称，以避免过于呆板。对称一般以左右对称为主，如图 4-88 所示。

图 4-87　倾斜式版面

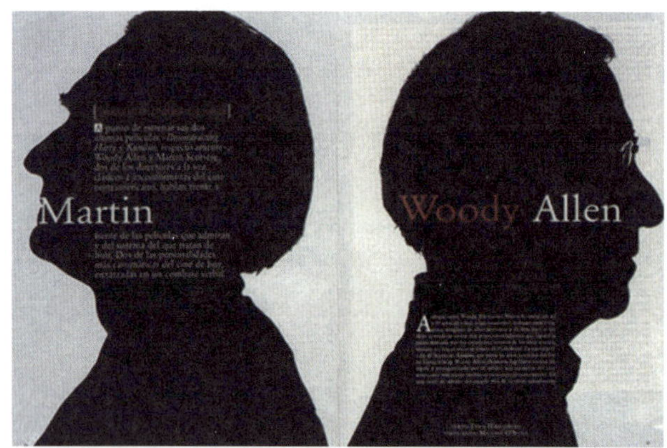

图 4-88　对称式版面

八、重心式

重心式有三种类型：

（1）中心式。中心式直接以独立而轮廓分明的形象占据版面中心，如图 4-89 所示。

图 4-89　中心式版面

（2）向心式。视觉元素向版面中心聚拢，如图 4-90 所示。

图 4-90　向心式版面

（3）离心式。离心式犹如将石子投入水中，产生一圈圈向外扩散的涟漪。离心式版面可产生视觉焦点，效果强烈而突出，如图 4-91 所示。

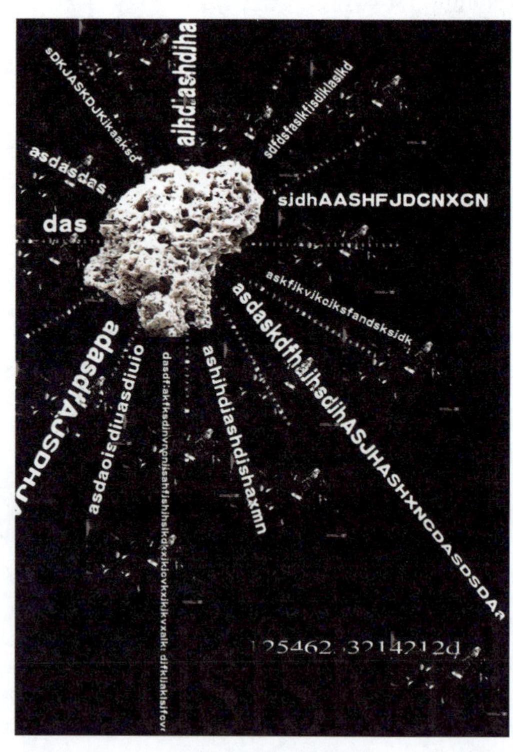

图 4-91　离心式版面

九、并置式

并置式是指将一组相同或不同的图片做大小相同而位置不同的重复排列。并置式版面有比较、解说的作用，给原本复杂的版面创造了秩序，安静而平和，且有节奏感，如图 4-92 所示。

图 4-92　并置式版面

十、几何式

在圆形、四方形、三角形等几何形态中，正三角形（金字塔形）是最稳定的形态，而圆形和倒三角形则给人以动感和不稳定感。在版面四角以及连接四角的对角线结构上编排图形，能给人严谨、规范的感觉，如图 4-93 所示。

图 4-93　几何式版面

版式设计形式需要依据具体情况而定，有时还可以综合多种方式进行设计，体现设计者的水平、能力、个性、风格和价值取向。

本章小结

本章针对骨格的概念、分类、骨格版式设计类型和方法，以及满版式、分割式、中轴式、曲线式、倾斜式、对称式、重心式、并置式、自由式和几何式等其他版式设计形式进行了阐述与分析。通过对本章的学习，应了解版式设计中文字、图形、色彩等要素的有效组织方法，为接下来的应用与实践打下基础。

思考与练习

1. 简述骨格式版式设计的类型，并找出对应图例进行分析。
2. 简述骨格版式设计中各要素的组合和设计方法，并分析效果。

第五章 版式设计的应用

本章知识点

招贴、包装、书刊、报纸、DM和网页版式设计的要点和表现手法。

学习目标

了解不同媒介的特征；掌不同媒介版式设计的方法。

第一节　招贴版式设计

一、概述

招贴也称海报，是户外平面广告宣传的主要形式，大多采用印刷方式制作而成，主要张贴于公共场所，以其大尺寸的版面、强烈的视觉冲击力、卓越的图形创意为特征，远距离就能吸引公众的视线，迅速传达信息。招贴根据目的及性质可以分为公共性招贴和商业性招贴两种。公共性招贴又可以分为公益招贴、政治性招贴和文化性招贴。

二、招贴版式设计要点

1. 字体的编排

（1）字体编排的原则。

①主题鲜明突出。招贴是远距离传达信息的传播方式，按照主从关系的顺序，应将放大的主体形象置于视觉中心，以表达主题思想；将文案中的多种信息做整体编排设计，有助于主体形象的建立；在主体形象四周增加空白空间，可以使被强调的主体形象更加鲜明突出，如图 5–1 和图 5–2 所示。

图 5–1　醒目的主题招贴

②美观和谐。在招贴设计中，文字不仅要书写正确，而且还要设计美观。字体与字体之间的相互关系，可以通过文字的大小、曲直、明暗、粗细、浓淡、虚实、位置关系以及色彩等因素来增加版面的美感，打破版面的沉闷感，丰富版面的层次，如图 5–3 至图 5–5 所示。

图 5–3　Pringles 招贴设计

图 5-5　日本招贴设计

③形式与内容统一。字体的表现形式应该由文字的内容决定，字体设计要确切地体现内容的含义及事物的主要特征，使文字形象、艺术风格与企业产品的特征相一致，通过清晰、新颖的形式来表达主题，如图 5-6 和图 5-7 所示。

图 5-6　BBC 新闻创意广告（一）

图 5-7　BBC 新闻创意广告（二）

（2）字体编排的表现形式。在招贴设计中，赏心悦目的字体编排形式能在瞬间抓住人的眼球，引导受众阅读，在准确有效地传达信息的同时，给人留下美好的印象（图 5-8 至图 5-13）。常见的字体编排形式有以下几种：齐左形式、齐右形式、居中形式、沿边形式、突变形式、发射形式和倾斜形式。

图 5-8　国外招贴设计

图 5-9　国内招贴设计

图 5-11　国外棒棒糖广告

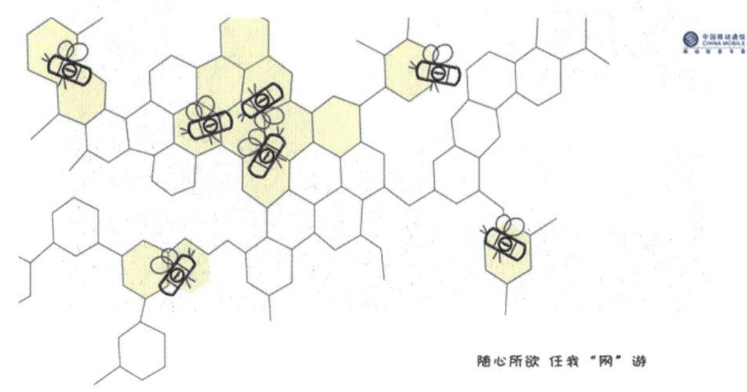

图 5-12　招贴设计　张敏

2. 色彩的应用

色彩具有强烈的视觉冲击力，是招贴设计中的一个重要构成要素，在很大程度上决定了作品的成败。在进行招贴设计时，应注重色彩的情感、联想及象征性含义，选择合适的色彩，如图 5-14 和图 5-15 所示。

图 5-14　国外招贴设计

图 5-15　WIXX　招贴设计

3. 图形的应用

图形具有吸引人们注意力的独特魅力，有“世界语言”之称。招贴设计的核心即为创意，是用个性化的图形语言，达到广而告之的目的。设计师应根据主题的需要，选择能突出主题的图形，增强视觉效果，如图 5-16 至图 5-18 所示。

图 5-16　鸡尾酒广告海报设计

图 5-17　冰淇淋招贴设计

图 5-18　招贴中的图形设计

图 5-19 至图 5-24 所示为招贴版式设计优秀作品。

图 5-20　Style Rebirth 内衣：被偏爱的都有恃无恐

图 5-22　MAX Shoe：好到让你震惊!

图 5-24　2013 年柏林艺术大学夏季年展招贴

图 5-23　国外酒招贴设计

第二节　包装版式设计

一、概述

包装作为“无声的推销员”，在产品与消费者之间起着传递信息的媒介作用。包装是依附于商品立体形式之上的平面设计，由商标、文字、色彩、图形等视觉要素构成。每种视觉要素都有自己特有的属性，设计师在设计包装时要考虑其形状、大小以及各要素之间的位置、空间等，只有把握好它们之间的规律，才能设计出宜人的视觉效果（图 5-25）。

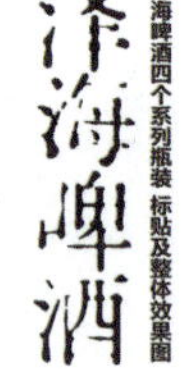

图 5-25　泽海啤酒包装

二、包装版式设计要点

1. 商标设计

商标是企业的“代言人”，是区别于其他企业的一种标志。商标设计应简明、易辨、独特，具有标志性，在整个包装版面中占据一个醒目的位置，能迅速吸引消费者的注意，以达到传递商品信息的目的（图5-26）。

图5-26　PIETRO　GALA包装设计

2. 文字设计

在包装设计中，无论怎样设计文字，都必须保证文字的可读性和易读性，在此基础上突出商品的个性，使商品的特性和字体达到意象上的和谐（图5-27）。如医药用品常采用简洁清晰的字体，体育产品常运用充满活力、具有动感的字体。

图5-27　国外饮料包装设计

图5-28　糖果包装设计

3. 色彩设计

成功的包装设计离不开色彩设计，色彩不仅有美化包装的作用，而且有识别产品和促进产品销售的功能。在设计包装的色彩时，应根据人们的色彩习惯和色彩联想，进行夸张、变色等适当处理，使产品形象更加具有感染力，提高产品在市场上的竞争力，如图5-28和图5-29所示。

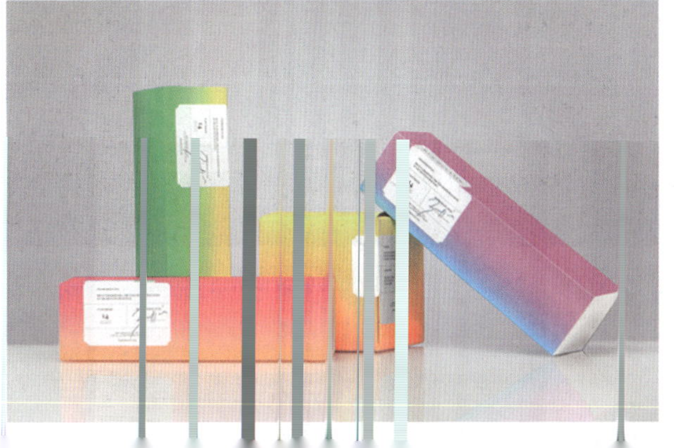

4. 图形设计

包装设计中常用的图形类型有具象图形、抽象图形和其他装饰图形，它们都能创造独特的设计形式，产生强烈的视觉美感。无论采用哪种图形表现形式，都应反映商品的性质，抓住其主要特征并加以典型化处理，准确地将商品的信息传递给消费者，如图 5-30 和图 5-31 所示。

图 5-30　印尼温泉 SPA 美容产品包装设计

图 5-31　面包装设计

图 5-32 至图 5-41 所示为包装版式设计优秀作品。

图 5-32　国外饮料包装设计

图 5-33　Jaffo 品牌包装设计

图 5-34　国外酒水包装设计

图 5-35　国外沐浴露包装设计

图 5-36　咖啡包装设计

图 5-38　国外鱼罐头包装设计　　图 5-39　国外酒水包装设计

图 5-40　国外红酒包装设计

图 5-41　日本红酒包装设计

第三节　书刊版式设计

一、书籍版式设计

书籍版式设计是在一个既定的开本上，对书稿的结构层次、文字、图表等进行艺术而科学的处理，使书籍内部各个组成部分的结构形式既能与书籍的开本、装订、封面等外部形式协调，又能给读者阅读提供方便和带来视觉享受。版式设计是书籍设计的核心，应考虑读者的年龄、职业和文化程度等方面的因素。

1. 封面设计

封面作为书籍的“脸面”，往往首先展现在读者面前，它能很直观地体现作品的类型、内容和思想。在当今琳琅满目的书海中，书籍的封面起了一个无声推销员的作用，在一定程度上直接影响人们的购买欲。图形、色彩和文字是封面设计的三要素。封面设计就是根据书的性质、用途和读者对象，把这三者有机地结合起来，从外形上表现出书籍的丰富内涵，传递信息，给读者以美感。书籍封面设计应注意以下几点：

（1）突出书名。书名是体现一本书内在信息和核心思想的重要元素，设计时一定要将书名作为封面的视觉焦点。书名的设计只要把握可识别性强、比例协调、造型紧贴主题的原则即可，如图 5-42 所示。

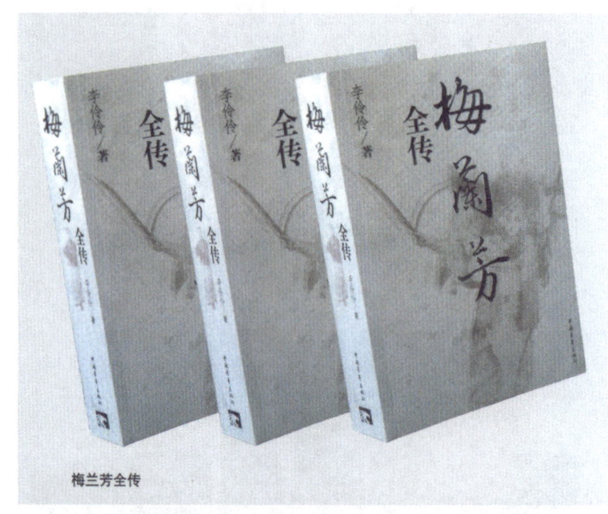

图 5-42　吕敬人书籍封面设计作品

（2）内容与形式统一。在封面设计时，要根据书籍的内容和性质来选择合适的表现形式。在文字的安排上要“繁而不乱，简而不空”，做到图形简洁，内容丰富，可在色彩和图形的合理搭配上多下功夫，使其更为精致，可读性强，如图 5-43 和图 5-44 所示。

（3）重视书脊设计。书脊是封面和封底连接处，因为在书架上面对读者的往往是书脊，其在装帧设计中的重要性不言而喻。书脊的文字设计应该简洁、易读、明了，如图 5-45 和图 5-46 所示。

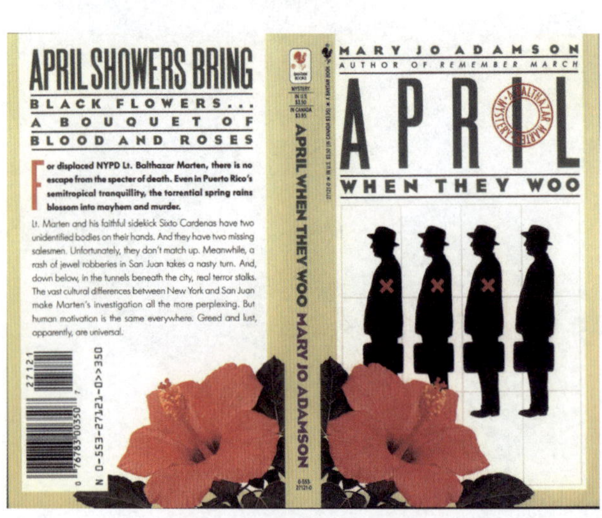

图 5-43　国外书籍设计

图 5-44 《十二美人》封面设计 陆智昌

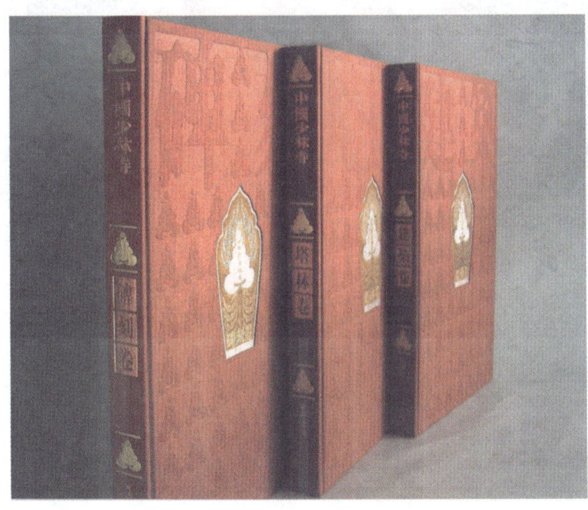

图 5-45 国内书脊设计（一）

图 5-46 国内书脊设计（二）

2. 内页设计

（1）以图为主的版面。儿童书籍以插图为主，文字只占版面很少的部分，有的甚至没有文字。除插图风格统一外，版式设计时应注意整个书籍视觉上的节奏，把握好整体关系，如图 5-47 和图 5-48 所示。

图 5-47 《偃师造人》内页（一）

图 5-48 《偃师造人》内页（二）

以图片为主的书籍内页版面还有画册、画报和摄影集等。这类书籍版面率比较低，在设计骨格时要考虑好编排的几种变化。有些图片旁边需要加入少量的文字，其与图片在色调上要加以区分，形成不同的节奏，同时还要考虑其与图片的统一性。

（2）以文字为主的版面。以文字为主的一般书籍也会有少量的图片，在设计时要考虑书籍内容的差别。在设计骨格时，一般采用通栏或双栏的形式，并灵活地处理好图片与文字的关系，如图 5-49 和图 5-50 所示。

（3）图文并茂的版面。一般文艺类、经济类、科技类等书籍可采用图文并茂的版面。可根据书的性质以及图片面积和数量进行文字编排，多采用均衡、对称等的[illegible]式，如图 5-51 和图 5-52 所示。

图 5-53 至图 5-62 所示为书籍版式设计优秀作品。

图 5-49　国内书籍版式设计（一）

图 5-50　国内书籍版式设计（二）

图 5-51　国内书籍内页（一）

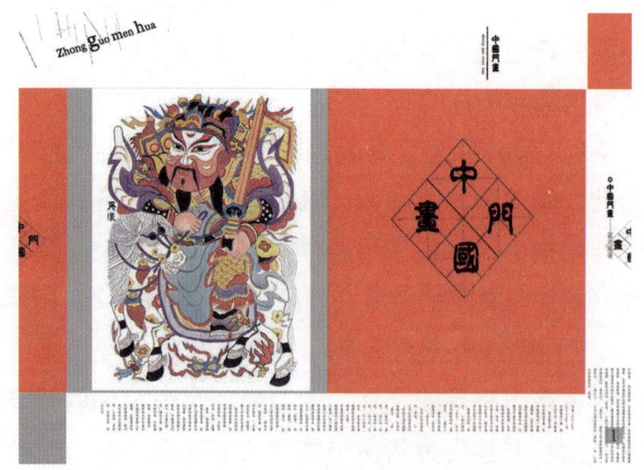

图 5-52　国内书籍内页（二）

图 5-53　国外封面设计（一）

图 5-54　国外封面设计（二）

图 5-55　国内书籍内页设计（一）

图 5-56 国内书籍内页设计（二）

图 5-57 国内书籍设计（一）

图 5-58 国内书籍设计（二）

图 5-60 国内书籍设计（四）

JULES VERNE JOURNEY TO THE CENTER OF THE EARTH

图 5-61 国外书籍设计（一）

二、杂志版式设计

1. 刊头设计

刊头是杂志版式设计最基本的项目，而且一般是在杂志创刊时和改版初期精心设计，此后一般不做改动。刊头不但是杂志的名称，同时也是杂志的标志，如图 5-63 至图 5-66 所示。

图 5-63　国外杂志设计（一）

图 5-64　国外杂志设计（二）

图 5-65　国外杂志设计（三）

图 5-66　国外杂志设计（四）

2. 封面设计

（1）故事式封面设计。故事式封面设计是指从当期杂志中选择最主要的文章，根据该文章的题目和内容展开联想设计，使封面重点展示重点文章的题目及其相关的画面，如图 5-67 至图 5-70 所示。

图 5-67 《南都周刊》杂志设计（一）

图 5-68 《南都周刊》杂志设计（二）

图 5-69 《南都周刊》杂志设计（三）

图 5-70 《南都周刊》杂志设计（四）

（2）罗列式封面设计。罗列式封面设计是指封面上的图片与内部文章内容没有思想上的紧密联系，杂志

杂志封面的设计来说，优秀的封面图片是封面设计成功的主要因素，甚至在某种程度上，封面图片的质量与效果将直接影响杂志的销售量，如图 5–71 至图 5–73 所示。

图 5–71 《瑞丽》杂志设计

图 5–72 《珍藏》杂志设计

图 5–73 国外杂志设计

3. 内页设计

杂志内页通常采用网格式设计，即将秩序化引入杂志版式设计中，使文字、图片的编排井然有序。使用网格式设计可以使内容复杂的杂志规范化，提高设计效率。杂志内页设计应考虑 4 个基本元素，分别是标题、插图、文章、栏目和页码（栏目和页码为 1 个基本元素），如图 5–74 和图 5–75 所示。

图 5–76 至图 5–85 所示为杂志版式设计优秀作品。

图 5–74 国内杂志内页设计

图 5-75　国外杂志内页设计

图 5-76　国内杂志设计

图 5-78　国外杂志设计（二）

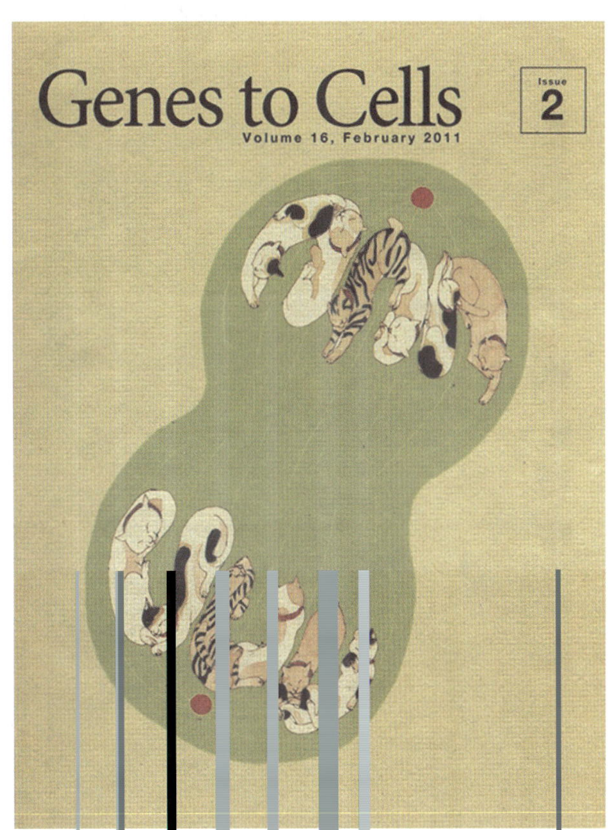

图 5-80　日本杂志设计（二）

图 5-81　日本杂志设计（三）

图 5-82　国外杂志内页设计（一）

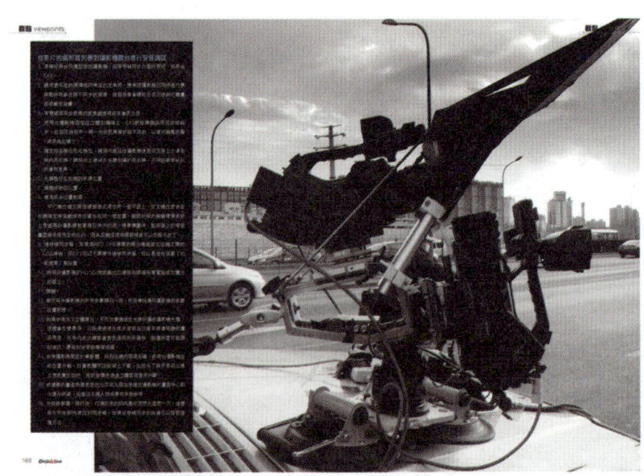

图 5-83　国外杂志内页设计（二）

图 5-84　国外杂志内页设计（三）

图 5-85　国外杂志内页设计（四）

第四节　报纸版式设计

一、概述

报纸作为信息传播的媒介，在版式编排上最突出的特点就是简洁、易读。在快节奏的现代生活中，报纸在版面编排上既要突出重点，使文字区集中、完整，又要确保阅读流畅，有层次感和节奏感，使读者一目了然，并沿着版面的结构顺利阅读完全部内容，在尽可能短的时间内获得尽可能多的信息。

二、报纸版式设计要点

1. 标题与空白

一个视觉性强、有个性的报纸标题，会在瞬间使读者的视觉受到冲击，从而把注意力集中到标题上来，激发其阅读全文的欲望，但也不能将所有标题都作强化、装饰，否则无法体现主次。报纸版面中和标题周围的空白空间是版面中不可缺少的部分，适度的空白空间不但具有版面可调效应，而且能使版面紧中有松，缓解读者视觉疲劳，形成虚实强烈对比，在突出标题、重点的同时给人以简洁大方的感觉，如图 5-86 至图 5-88 所示。

三湘都市报
今日版面 16
好看　好用　好玩

图 5-87　《三湘都市报》报纸设计

东南快报
更亲民 | 更好看 | 更实用

2012年1月 1 星期日
87806110

胡锦涛发表新年贺词：着力保障和改善民生 A6

榕两节将投4亿元副食品

相关部门将从流通、检测、安全和价格等环节加强监管 A2

乌龙江复线桥竣工 A4

三环部分路段近期交通管制 A4

福州火车站春运可刷二代证进站 A5

质检总局

检测蒙牛牛奶合格，消费者可放心购买

消除外地户口购房障碍 A6

天府早報
新锐媒体　财富早报

新闻热线 86757777
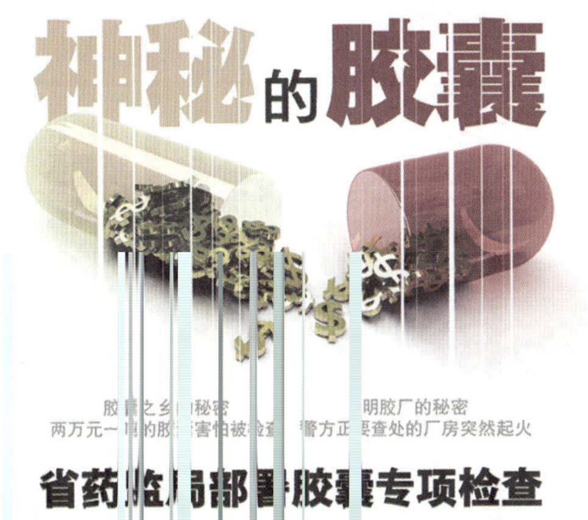
央视曝光修正制药等9家药厂所用胶囊铬超标

国家食品药品监督管理局发出紧急通知，13个产品暂停销售使用

神秘的胶囊

省药监局部署胶囊专项检查

2. 标题与正文

报纸的标题文字要与正文文字有所区别。标题文字一般采用大而粗的字体，视觉效果应醒目得体，引人注目；正文字体一般不要超过三种，以免造成版面混乱。标题文字和正文文字在大小、明暗、粗细、虚实、位置关系以及色彩方面的对比可以增加报纸版面的活跃度，丰富版面的层次，如图 5-89 和图 5-90 所示。

图 5-89　国外报纸设计

图 5-90　国内报纸设计

3. 色彩与留白

色彩是营销时代报纸头版以及其他各版版面的重要语言要素，一般通过字体颜色的变化、空白的运用、彩色图片的穿插以及版块底纹的变化来表现。字体颜色的变化主要体现在报头和各条新闻的标题文字上；空白的运用主要体现在图片和标题四周的留白上，可使图片、标题相对突出，如图 5-91 至图 5-93 所示。

图 5-91　《广州青年报》报纸设计

图 5-92　《城市商报》报纸设计

灵动校园

2010年3月 第1期

灵动360 快乐365

发布单位：河北省石家庄新乐市123真好记 代理单位：河北省石家庄市新乐市分公司 登记证号：123
电话：13315987208 QQ：1003037756 邮箱：1003037756@qq.com 地址：河北省石家庄市新乐市

西安蚁族生活现状

核心提示

他们大多是80后，领着微薄的收入，每天穿梭在熟悉而又陌生的城市，晚上蜗居在城中村的民房……因为和蚂蚁有许多类似的特点：高智、弱小、群居，这个低收入聚居的大学毕业生群体被称为“蚁族”。

陕西西安的“蚁族”被俗称“秦蚁”，尽管各自承受着不同的生存和生活压力，但这群充满朝气的年轻人，拥有的并不仅仅是无奈和彷徨……

学者廉思的著作《蚁族》面世后，“蚁族”旋即成为社会关注的焦点。这些大学毕业的低收入聚居群体和蚂蚁有着许多类似特点：高智、弱小、群居，因而被称为“蚁族”。根据廉思的调研，仅北京就至少有10万“蚁族”，“上海、武汉、广州、西安、重庆等大城市也都大规模存在，估计全国的蚁族数量已超过百万。”

“蚁族”已成为继农民、农民工、下岗职工后的“第四大弱势群体”，平均年龄集中在22岁～29岁之间，九成属于80后。他们50%以上来自农村，20%多来自县或县级城市。

蜗居在不足10平米民房内

“蚁族”成为继农民、农民工、下岗职工后第四大弱势群体

上班在高新区，吃住在城中村，这叫白天不懂夜的黑

宁要西安一张床，不要蔡家坡一套房

“蚁族”产生的根本原因在于高等教育的商业化发展

大学生也要改变观念，敢于从最底层做起

青春：蜗居城中村并非随遇而安

我家住户大多是附近上班的大学生

雪停了有一周多了，杨家村的小巷仍然泥泞不堪。学生气十足的马洁和高娜妮与记者并肩而行。

爬上一家民房狭窄而昏暗的楼梯，就是马洁居住的地方。这间不足10平方米的屋子里，靠北的窗户下放着一张上世纪80年代曾很流行的“一头沉”，桌面上摆着一本《心理咨询》。马洁说，这两天她正在准备一个考试。这张桌子兼做书桌、饭桌和办公桌。东面的单人床占据了整间房子的三分之一，桌子的另一边，放着一张小茶几，堆满了洗涤用具和餐具，两者之间并无清楚界限。床头的墙上贴着一张写得整整齐齐的菜单，这让记者有些惊讶。“锅在床底下”，她自嘲地说，“电饭锅、电磁炉，是我花了近500块钱购置的。”

低廉的房租、较低的生活成本以及相对便捷的交通，让八里村、杨家村、边家村、瓦胡同等城中村吸引了大批“秦蚁”。鱼化寨的一位房东告诉记者，“我家的住户，大多是刚毕业不久在附近上班的大学生。”

西安高新区的不断发展，给“秦蚁”创造了更多的就业机会。在高新区一家大型超市服装专柜做导购的小欣（化名）把“家”安在了赵家坡。

一片低矮的民房被林立的高楼包围着，赵家坡仿佛是现代都市里的一洼盆地。在小巷一幢5层民房前，小欣停住了。她就住在4楼，屋内狭小、拥挤、昏暗、冰冷。厕所在楼顶，大家公用，里边没灯，要借助紧邻的高级住宅和写字楼传过来的灯光才勉强看得清楚。

在赵家坡，这样的一间屋子，每月房租需要200元钱。

晚上8点多突然停电了，屋里顿时成了冰窖，小欣提议去她上班的超市。“那里暖和着呢，10点关门，前一阵晚上一停电，我就到超市转悠，回来时电就来了。”

“这里的饭我们可吃不起。”小欣指着超市里卖饭的店铺说，“一到中午就回赵家坡，那里的饭既便宜又吃得饱。”她拿自己开起玩笑：“上班在高新区，吃住在城中村，这叫白天不懂夜的黑。”

很多“秦蚁”都说，城中村条件差点，但是消费相对低廉，对刚步入社会、开始独立养活自己而又收入偏低的“秦蚁”来说，似乎是最合适的选择，但他们并没有随遇而安。

图5-93 《灵动校园》报纸设计

The Citizen's Chronicle of Karachi & Sukkur

Daily The MERCURY Karachi

http://dailythemercury.com

Volume 01 S.No 129 Jamadi-ul-Awwal 26 1432, AH Saturday April 30, 2011 Price Rs. 14

Duke and Duchess of Cambridge

Prince William Kate Wedding Moments

图5-95 国外报纸设计（二）

图5-94至图5-102所示为报纸版式设计优秀作品。

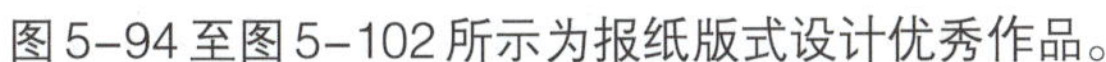

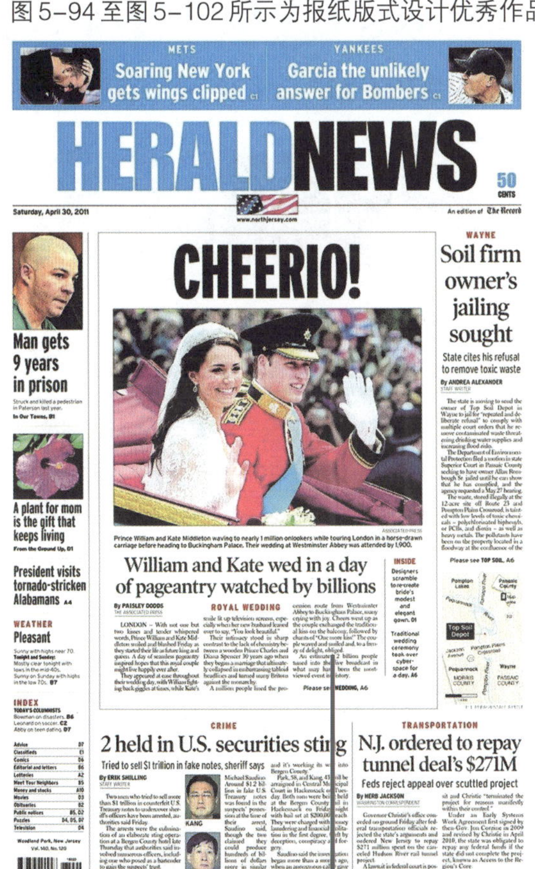

METS: Soaring New York gets wings clipped C1

YANKEES: Garcia the unlikely answer for Bombers C1

HERALD NEWS 50 CENTS

Saturday, April 30, 2011

www.northjersey.com

An edition of The Record

Man gets 9 years in prison

A plant for mom is the gift that keeps living

President visits tornado-stricken Alabamans A4

WEATHER Pleasant

INDEX

CHEERIO!

Prince William and Kate Middleton waving to nearly 1 million onlookers while touring London in a horse-drawn carriage before heading to Buckingham Palace. Their wedding at Westminster Abbey was attended by 1,900.

William and Kate wed in a day of pageantry watched by billions

ROYAL WEDDING

WAYNE

Soil firm owner's jailing sought

State cites his refusal to remove toxic waste

CRIME

2 held in U.S. securities sting

Tried to sell $1 trillion in fake notes, sheriff says

TRANSPORTATION

N.J. ordered to repay tunnel deal's $271M

Feds reject appeal over scuttled project

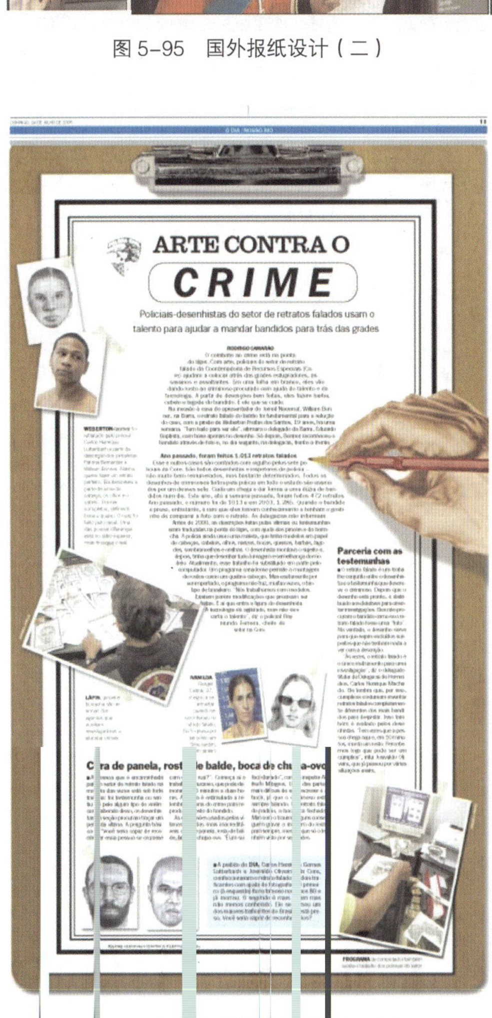

ARTE CONTRA O CRIME

Policiais-desenhistas do setor de retratos falados usam o talento para ajudar a mandar bandidos para trás das grades

Parceria com as testemunhas

Cara de panela, rosto de balde, boca de chupa-ovo

10 GERAL

Relatório da Justiça Federal aponta que Beira-Mar comanda organização criminosa do presídio

PODER CONTÍNUO

'Tentei impedir a prática criminosa, reduzindo visitas,' Odilon de Oliveira

Com renda do tráfico de drogas, Beira-Mar mantém fazenda no Paraguai

FACÇÕES EM GUERRA NA FRONTEIRA

PLANO PARA MATAR PROMOTORA

图 5-97　国外报纸设计（四）

HIGH SCHOOL 4A STATE TOURNEY PREVIEW

Grocery dells cash in on convenience

Sewing grows into chic hobby for kids

WEDNESDAY, FEBRUARY 28, 2007

The Seattle Times

METRO EDITION

416 points

It sounds bad, but what does it really mean?

Wall Street's wild day

Supplement use doesn't help and may harm, study finds

Largest point decreases in Dow history

Steep drop is no time for investors to panic

Huge trucks make perilous trek across frozen lakes of Canada

图 5-98　国外报纸设计（五）

16 GERAL

INSÔNIA

A vida de quem já ficou em casa esperando em vão pelos filhos e as lições dos pais precavidos

HORAS DE AFLIÇÃO

MORTE AINDA NÃO FOI ESCLARECIDA

'NÃO ERRAMOS'

"Me preocupo se vão colocar algo na bebida deles, oferecer drogas. Coisas de mãe" Elaine, mãe de três filhos

图 5-99　国外报纸设计（六）

variety

Buzz off!

Do you attract mosquitoes? Get some sweet revenge

Websites get retro active

Recessionista fashion: low prices, high style

图 5-100　国外报纸设计（七）

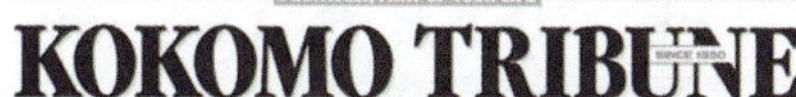
POSITIVELY, PART OF YOUR LIFE

KOKOMO TRIBUNE

Kokomo, Ind. Tuesday, January 20, 2009 50¢

THE INAUGURATION OF BARACK OBAMA

IN OUR LIFETIME

"Despite the enormity of the task that lies ahead, I stand here today as hopeful as ever that the United States of America will endure – that it will prevail, that the dream of our founders will live on in our time."

— President-elect Barack Obama

TODAY'S SCHEDULE:

CHANGING COUNTRY SEES ITS REFLECTION IN OBAMA

Energized for the inauguration

■ Kokomo women have social itinerary mapped out.

INSIDE

• Presidential profile section.
• Changing of the guard.
• Inaugural-themed fashion.
• IUK volunteer has special memories.
• Local women witness to history.
• Kempton's ties to Obama.
• World waits anxiously.

Agri-Lawn Equipment

GREEN ICE MELT 50 LB BAGS $13.50

Winter is upon us. Do you have your snowblowers ready? Do you need maintenance on your spring lawn & garden equipment? Come in & see us!

10% Discounted Service on Your Lawn & Garden Equipment

FREE PICK-UP & DELIVERY!

图 5-101　国外报纸设计（八）

Aung San Suu Kyi – the movie First pictures of film revealed

Felicity Cloake How to make the perfect Christmas dinner

theguardian

Christmas chaos looms as hundreds of flights grounded

Unions warn of massive wave of strikes in battle to halt cuts

Unite chief vows to work with students to fight austerity agenda

Yemen radioactive stocks an easy al-Qaida target, US told

图 5-102　国外报纸设计（九）

第五节　DM 版式设计

一、概述

DM 是英文 Direct Mail Advertising 的简称，最早的中文名称叫“直接邮递广告”，即直邮广告，是针对某一消费者派发的一种宣传品。实际上，DM 并不局限于邮件的形式，其不仅包括邮政的商业信函广告，而且还包括企业明信片、广告明信片、产品宣传单、折叠式说明书、产品宣传册、请柬、贺卡、年历、拜年卡等，常在商场、促销活动、展会等场合直接派发。DM 比一般的广告有着更深刻的文化理念，版式设计以色彩、广告语、图形等吸引人们目光，引起消费者的兴趣，比其他宣传品更有人情味和亲和力，易于被消费者接受和认同，从而刺激消费。因此，富有创意的编排成为 DM 广告设计的重点。

二、DM 版式设计要点

1. 标题的设计

在 DM 版式设计中，好的标题是 DM 制作成功的一半，优秀的标题不仅能给人耳目一新的感觉，而且还会产生较强的诱惑力，引发读者的好奇心，吸引他们不由自主地阅读其他信息，使 DM 广告效果最大化，如图 5-103 至图 5-106 所示。

图 5-104　活动宣传 DM 设计

图 5-105　婚礼请柬 DM 设计

图 5-106　邀请函 DM 设计

2. 版面编排的创意设计

若 DM 版面编排有创意，设计的形态新颖别致，制作精美，就会让消费者爱不释手、争相传阅，从而达到传达信息的目的，而这也是 DM 区别于其他传播媒介的优势，如图 5-107 至图 5-109 所示。

图 5-107　婚礼请柬 DM 设计（一）

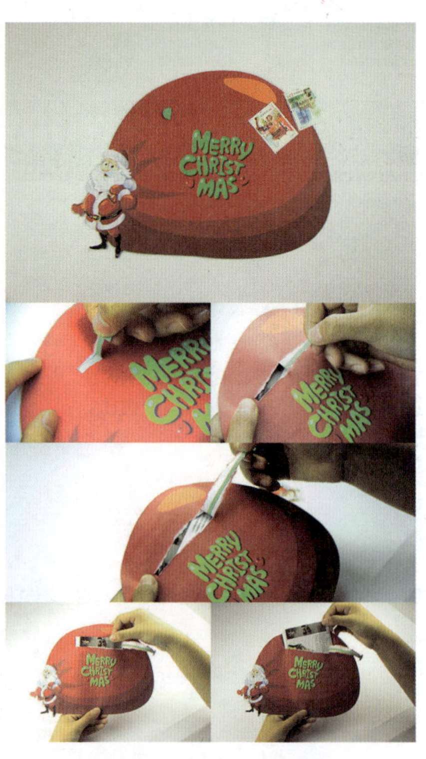

图 5-108　婚礼请柬 DM 设计（二）

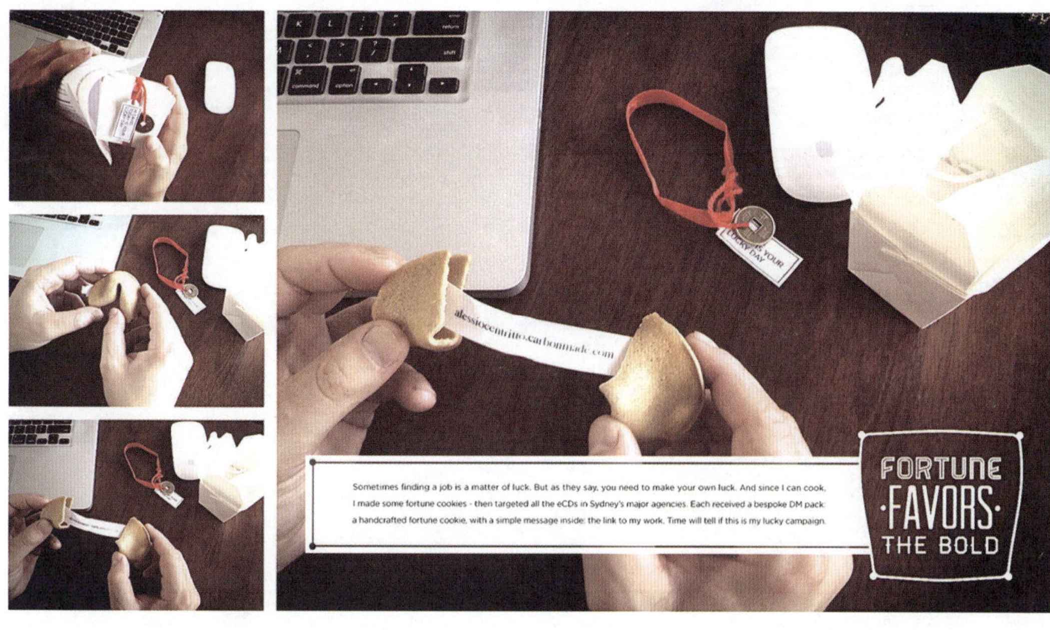

图 5-109　婚礼请柬 DM 设计（三）

图 5-110 至图 5-115 所示为 DM 版式设计优秀作品。

图 5-110　企业 DM 设计（一）

图 5-111　企业 DM 设计（二）

图 5-112　广告 DM 设计（一）

图 5-113　广告 DM 设计（二）

图 5-114　请柬 DM 设计

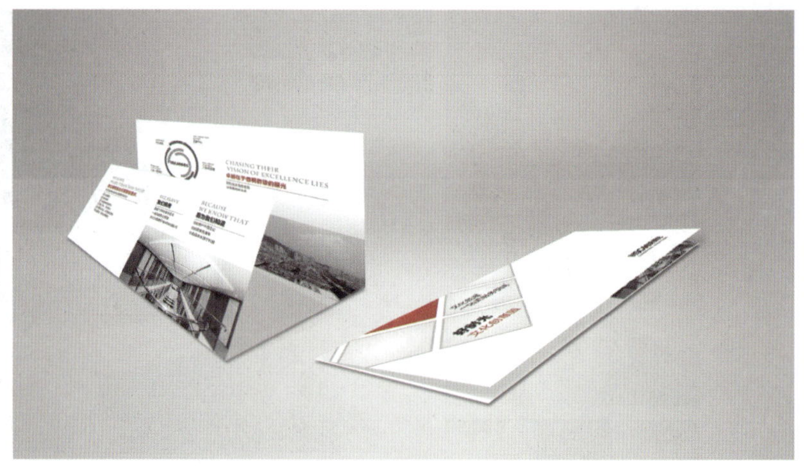

图 5-115　创意 DM 设计

第六节　网页版式设计

一、概述

网页版式设计是指在有限的屏幕空间里，设计师根据特定的主题和内容，将网页中相关主题的文字、图形、色彩、动画、视频等构成元素组织起来，形成整体的视觉形象，从而达到快速传递信息的目的。

网页设计首先涉及的是版面的编排问题。网页作为一种特殊的版面，既有文字又有图片，还包括一些流动的窗口和附加广告等，内容繁多、复杂，设计时必须根据内容的需要，将这些图片和文字按照一定的次序进行合理的编排和布局，将其组成一个有机的整体，使其能与浏览者有效沟通，以保证信息的准确传达。

二、网页版式设计要点

1. 网格的运用

运用网格，可以使版面的内容和对象秩序化，较好地解决页面中网站标题、栏目、导航、文字以及图片等元素的定位问题，使其在统一中求变化，对比中求和谐，如图 5-116 和图 5-117 所示。

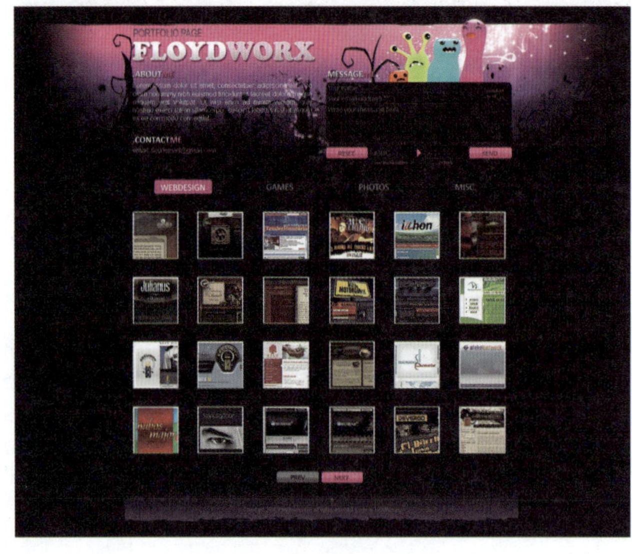

图 5-116　国外网页设计（一）

图 5-117　国外网页设计（二）

2. 页面的节奏感和韵律感

页面的节奏感及韵律感来源于排版中的疏密安排。在网页设计中可以通过一系列的重复和固定的间隔来建立一种视觉和谐感，如调整一些文字的字体、字号、行距及模块间的距离等，如图 5-118 和图 5-119 所示。

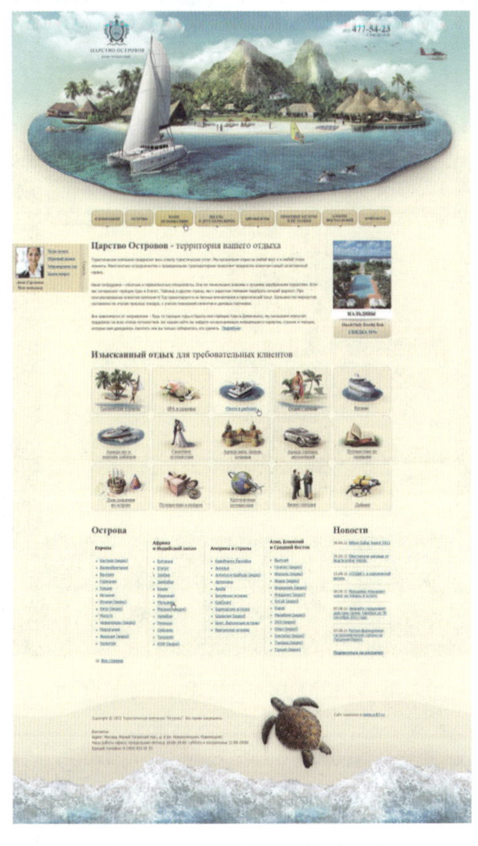

图 5-118　国外网页设计（三）

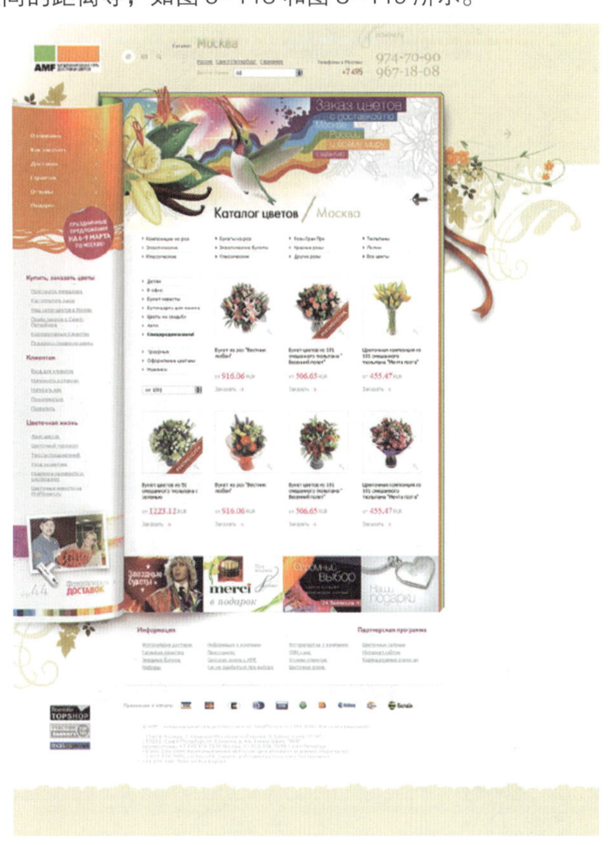

图 5-119　国外网页设计（四）

3. 页面的层次

在页面编排的时候，版面或界面的层级关系应主次分明，这样能够提高文本、图片等元素的视觉关注度，从而获得更高的界面清晰度，使观众方便阅读。在设计中，可以通过对字体、字号进行对比，对文字效果、色块等进行处理来达到分级效果，如图 5-120 和图 5-121 所示。

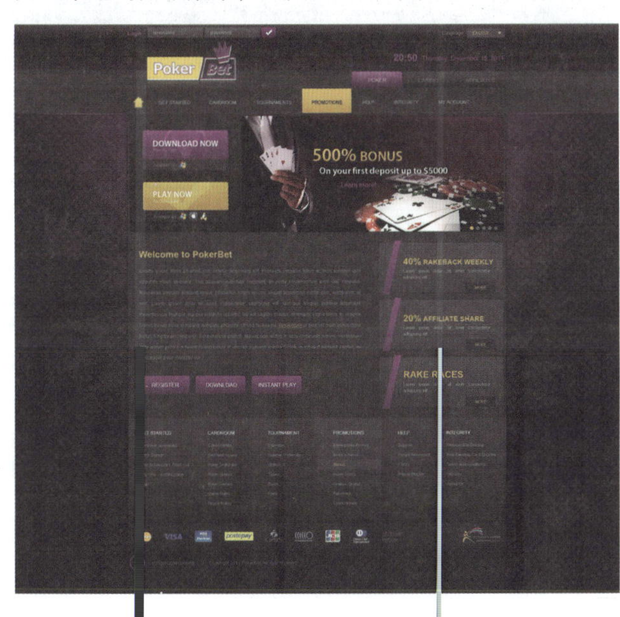

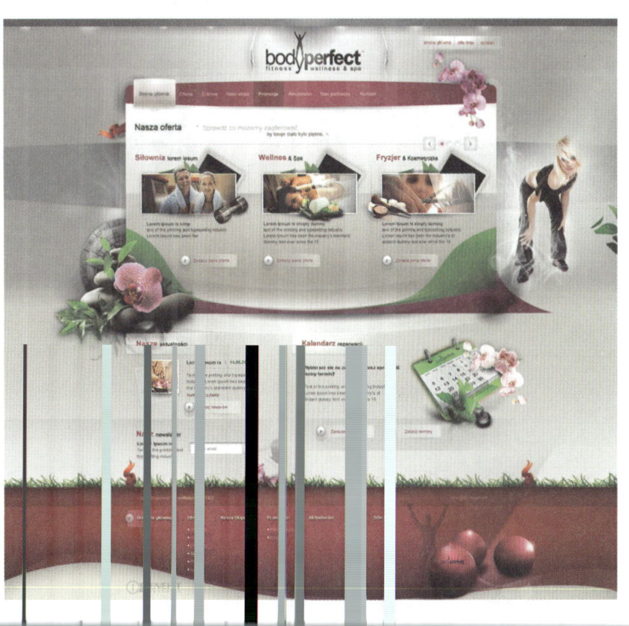

图 5-122 至图 5-129 所示为网页版式设计优秀作品。

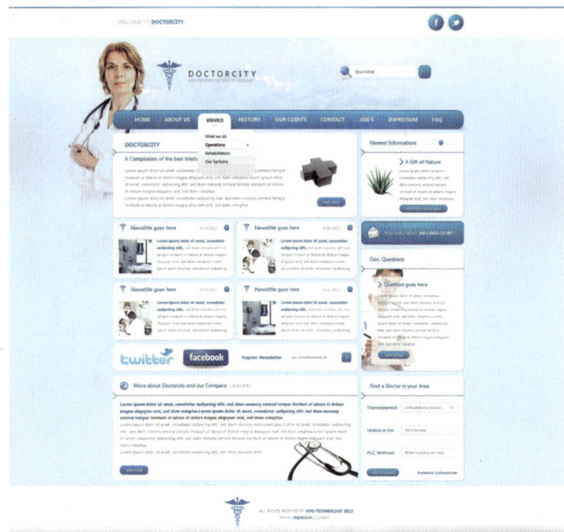

图 5-122　国外网页设计（七）

图 5-123　国外网页设计（八）

图 5-124　国外网页设计（九）

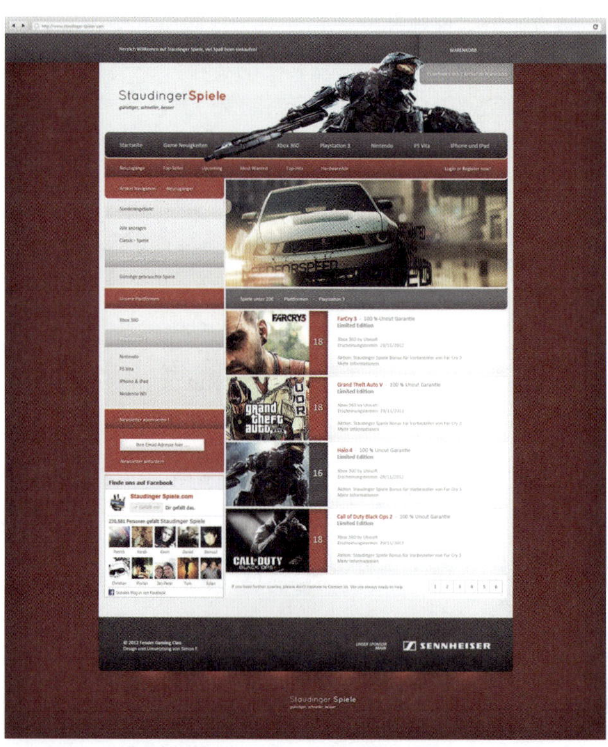

图 5-125　国外网页设计（十）

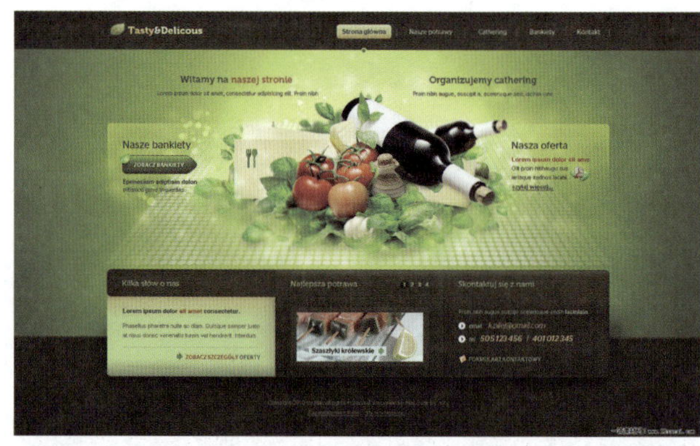

图 5-126　国外网页设计（十一）

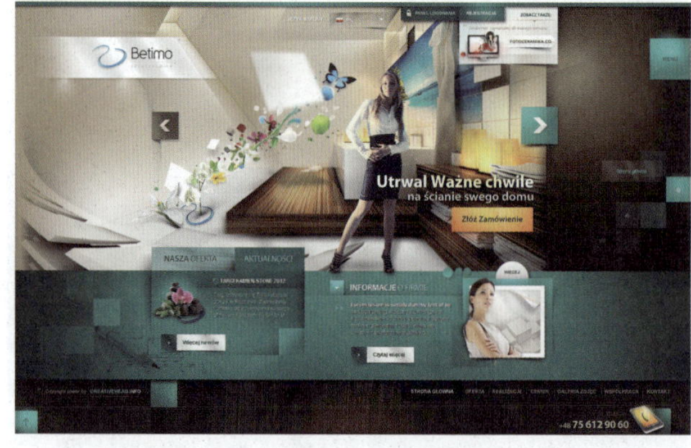

图 5-127　国外网页设计（十二）

图 5-128　国外网页设计（十三）

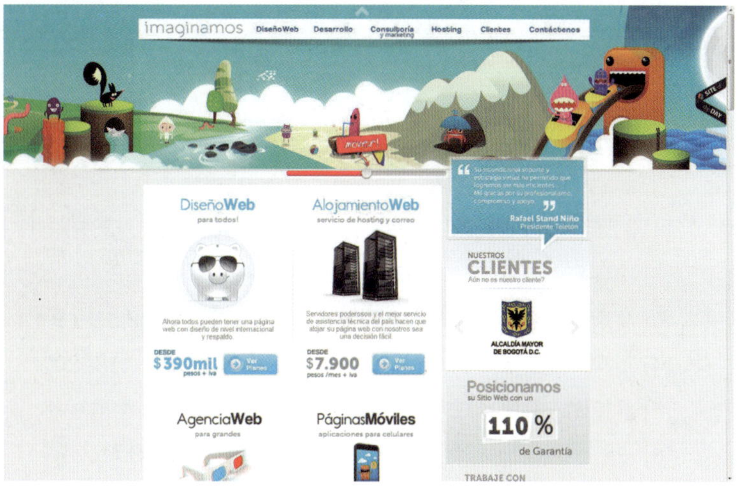

图 5-129　国外网页设计（十四）

本章小结

本章主要介绍了招贴、包装、书刊、报纸、DM和网页的媒介特征及其版式设计的要点和方法。设计师应合理地组织和编排视觉元素，使其最大限度地发挥表现力，突出版面的主题，有效地传达信息，并使用品具有特殊的艺术感染力。

思考与练习

1. 在书籍版式设计中，文字与图片混排时应该注意哪些问题？

2. 网格在报纸、网页的版式设计中有什么作用？

3. 选一本自己看过的书，为其重新设计封面和封底。要求封面和封底具有整体性，并能准确反映书的内容和定位。

4. 设计一张葡萄酒的瓶贴。要求有个性，并能表现出葡萄酒的特点。

5. 参考一些优秀网页的版面，自选一个网站进行动态文字编排，要求字体、色彩、编排形式和网站风格一致。

6. 选取一个自己喜欢的咖啡馆或茶馆，为其设计一个店面形象宣传单页。要求版面富有个性，并与设计对象风格一致，文字编排清楚、醒目。

参考文献

[1] 赵念念. 版式设计中的点、线、面 [J]. 民营科技，2010（12）：302.

[2] 冷春丽. 视觉传达的形态语言——点、线、面的品质 [J]. 艺术研究，2003（4）：28-29.

[3] 高家明. 点线面的视觉心理效果 [J]. 美术大观，2007（9）：140.

[4] 王樱. 浅谈版面设计 [J]. 印刷世界，2011（6）：18-20.

[5] 夏镜湖. 平面构成 [M]. 5 版. 重庆：西南师范大学出版社，2017.

[6] 王汀. 版面构成 [M]. 广州：广东人民出版社，2000.

[7] 夏炳梅. 版式设计中的“灰空间”[J]. 大众文艺，2011（7）：68-69.

[8] 陈大磊. 版式设计中的错视觉空间 [J]. 新闻爱好者（上半月），2011（6）：48-49.

[9] 张雯新. 版式设计中的图底关系 [J]. 才智，2011（20）：204.

[10] 陈荣盛. 论视觉传达设计中的视觉流程 [J]. 装饰，2006（7）：103.

[11] 周军. 论现代版式设计艺术的质感美 [J]. 艺海，2011（7）：105-106.

[12] 丰明高，蒋尚文，莫钧. 编排设计 [M]. 长沙：湖南大学出版社，2004.

[13] 舒湘鄂. 编排设计 [M]. 上海：东华大学出版社，2006.

[14] 徐阳，刘瑛. 版面与广告设计 [M]. 上海：上海人民美术出版社，2003.

[15] 余鲁，余慧娟. 字体设计 [M]. 重庆：重庆大学出版社，2007.

[16] 骆媛，陆晶，李淼. 版式设计 [M]. 北京：中国时代经济出版社，2013.

[17] 张悦然. 鲤·暧昧 [M]. 南京：江苏文艺出版社，2009.